湿原が世界を救う

水と炭素の巨大貯蔵庫

露崎史朗［著］

築地書館

もくじ

第4章　湿原の保全　95

第5章　湿原の復元　115

終章　湿原の豊かさを守る　171

〔本文中の＊は文献番号です〕

序章　人間と湿原の歴史

湿原と友達になろう

本書は、湿原に対する失言集になるかもしれないという恐怖のもとで書き出した。ワープロは怖い。「湿原」を、「失言」と誤変換されてしまった。

そもそも「湿原」とは何なのだろう。湿原という空間の不思議を少しは解き明かし、湿原とヒトとの触れ合いをよりエコフレンドリーなものにする、というのが本書の目的の一つであるはずだが、その入り口で悩んでしまう。

日本に住む人々が思い浮かべる湿原とはどのようなものだろう。百人百様な気もするが、湿原に対する共通認識がなければ、失言と誤解だらけになってしまう。

湿原というと、ヨシが生い茂る湿った草原や、原生花園《かえん》と呼ばれるお花畑のような景色を思い浮かべる人が多いのではないだろうか。古事記では、日本は「豊葦原の水穂の国」と紹介されている。意味は、諸説あるようだが、その一つは「葦（ヨシ）原の広がる水の豊かな国」である（図1）。つまり、日本人は太古の時代から湿原とともに生きていたのだ。しかし現在、湿原は著しく減少している。いつからどうして、ヒトは湿原の敵になってしまったのだろう。

湿原は、最も広い意味では「一時的にでも水が溜まる場所」と定義される。本書では「湿原」をそのような意味で用いたい。もちろん、海域と陸域の中間地帯である沿岸域の干潟やマ

図1　湿原と共に暮らす古代の人たちの生活風景のイメージ。日本人にとって、ヨシ原は太古から身近なものであった。

ングローブも湿原に入れる。

自分は、地域的にかなり偏るが、シベリア・アラスカ・中国・米国・カナダ・インドネシア、そして日本、特に地元である北海道の湿原を観察・研究してきた。そしてその中で、湿原がなぜ独特で多様なのか、そして湿原が減少するのはなぜ問題なのか、ヒトが湿原を保全・復元することは可能なのか、などを考えてきたつもりである。それらを土台として、失言にならないよう話を進めたい。

ところ変われば湿原も変わる――水たまりだって湿原

「湿原」と似た言葉に「湿地」という言葉があるが、英語で言えば、どちらも“wetland”である。米国において“wetland”は「一時的にでも地表面が水で覆われた、あるいは、土壌が水で飽和した土地」を意味するが、ややこしいことに、外国と日本では「湿原」の捉え方が異なっている。wetlandの訳が、湿地、湿原、湿地帯だったりする混乱のもとである。本書では、混乱を避けるため、湿地は使わないで「湿原」としよう。

湿原に関する欧米の教科書を何冊か見てみると、その多くは湿原の定義から始まっている。それくらい、湿原用語は整理しておかないと混乱して本を読み進めるのが大変だということなのだろう。眺めてみると、教科書によって、結構、湿原の定義が違う。どうも、湿原に対する文化的な考え方の違いが湿原の定義にも表れているようで、国や地域が変われば湿原が変わる。どうしたものだろう。また、訳が誤解を呼ぶこともある。たとえば、ある辞書で湿原を意味する“mire”という単語が「泥沼」と訳されていたが、これは正しくない。別の辞書では、「泥炭湿原」「泥炭地」となっていたが、これも違う。そもそも、mireという言葉は欧州ではよく使うが、米国ではあまり使われない。

米国では、wetlandを植生をもとに“swamp”“marsh”“bog”“fen”“moor”に区分して呼称

することが多い。しいて、これらを日常で使われている言葉で訳せば、順に沼地、沼地、沼地、沼地、沼地となってしまう。湿原と沼地は何が違うのだ、と調べてみれば、泥が溜まった深い湿原が沼地とのこと。moor は、欧州でよく使われるが、泥炭地と同義である。wetland は、樹木が繁茂する湿原（swamp）と樹木を欠く湿原（marsh）に大別される。swamp は、高木あるいは低木が優占する湿原を指し、草本からなる marsh とは区別される。bog、fen については後述する。

米国の連邦地理データ委員会では、湿原を“marine（ocean）”“estuarine（estuary）”“riverine（river）”“lacustrine（lake）”“palustrine（marsh）”の五つに大別している。[*1] これらも括弧の中を文字通り訳せば、海、河口、川、湖、沼地であるが、実際の意味としては完全な対応関係にはなっていない。この二段落の中だけで、括弧の中を入れなくても湿原を意味する言葉が一〇個も並んでしまった。米国におけるこの分類の多様さからも、湿原のイメージが日本とはかなり異なることがわかる。米国セントヘレンズ山の調査の時に、同じ教室の院生がこれから wetland を見に行くというので、一緒に川沿いを歩いて行ったらいつまで経っても湿原には着かない。まだ歩くのかと聞いたら、河原を指さして“wetland”と言われた時には、何のことかわからなかったが、ちょろちょろと水の流れる川は立派な湿原なのであった。

このように米国、欧州、そして日本で、湿原を指す言葉やその範囲が異なることが、第一の混乱の原因であることはわかった。じつは、米国のお隣であるカナダの湿原の定義も米国の定義とは微妙に異なる。[*2] そして、日本には不幸にも、米国、欧州双方から個別に湿原研究が導入された。これでは、言葉も研究も闇鍋《やみなべ》状態になっても仕方がない。さらに、言葉の意味は時間とともに変わるから、研究が進むにつれ、定義も変化していくのだろう。一方、これだけ言葉が氾濫しているのは、それだけ湿原環境が多様であることを意味してもいる。

湿原の範囲を決めておこう

植物成長のカギである水分量や水域の規模によって用語が細分化されるのは仕方がないことかもしれないが、湿原の話をさらに混線させているのは、研究分野によって湿原の定義が異なることである。植物生態学の視点から見て違いが著しいのは、ラムサール条約の定義で、「天然のものであるか人工のものであるか、永続的なものであるか一時的なものであるかを問わず、更には水が滞っているか流れているか、淡水であるか汽水であるか鹹水（海水）であるかを問わず、沼沢地、湿原、泥炭地又は水域をいい、低潮時における水深が六メートルを超えない海域を含む」とされている。[*3] ラムサール条約の正式名称は「特に水鳥の生息地として国際的に重要な湿地に関する条約」で、その名の通り水鳥の保全を目的につくられたものであり、水鳥の生息地としての湿原をすべて包含するべくつくった定義である。確かに、海岸沿いで満潮時に海面下となる干潟を含めた水深六メートルを超えない海域にも鳥はたくさんいる。

干潟を湿原に含めるかどうかは異論のあるところだろうが、中島みゆきの「二隻の舟」に出てくる「時流を泳ぐ海鳥」たちのためにも干潟は湿地に入れよう。植生上も、干潟や海岸近くの海水の影響を受けた湿原は塩湿地と呼ばれ、耐塩性植物がよく見られる。塩湿地に見られる植物は草本とは限らず、マングローブは塩分に適応した樹木を主体とする塩湿地の一種である。干潟は当然、塩の影響を強く受ける。植物にとっての生息地は、塩の影響の度合いによって、海水が占める海水域、海水と淡水が混じった汽水域、河川水のみからなる淡水域に分けられる。海水、汽水域の植物は、塩分に適応・特化しなければならないため、海浜には塩分に適応した植物が定着する。海岸に、ハマヒルガオ、ハマニンニク、ハマエンドウなど、名前が「ハマ(浜)」で始まる植物が多い理由の一つである。ということで、本書では、海洋を除き、一時的にでも陸域となる地域すべてを含めた湿原を扱おう。

湿原は水を抜きには語れない

湿原は、水があるところであり、その成り立ちを理解するためには、まず水の性質を知る必要がある。水の動態は地形で決まることが多いので、湿原の発達は地形により大きく影響される。同じ場所でも水位（水の高さ）は必ずしも一定ではなく、場所によっては時に氾濫原となることもある。年間を通じてどのくらいの水位なのかも湿原の構造と機能を明らかにする上で重要である。

北海道南西部に位置する有珠山《うすざん》において、一九七七年噴火で形成された第四火口の中には場所による水位の違い（最大三〇センチメートル）に応じ複数の植生が発達していた。[*4] 釧路大楽毛湿原では、水位によっておおまかに植生分布が決まり、ついで、地下水中の栄養塩が細かく植生を変化させていた。[*5] 湿原（この場合は mire）は、bog と fen に分けられるが、この違いは、植物が使える水がどこから来ているかによって生じる。具体的には、地下水位よりも下にある湿原（＝低層湿原）を fen、地下水位より上にある湿原（＝高層湿原）を bog と呼ぶ。低層湿原ではミネラルなどの栄養豊富な地下水を利用できるが、高層湿原では供給される水はおもに栄養分に乏しい雨水である。そのため、生えている植物は明瞭に異なり、低層湿原ではヨシやスゲが、高層湿原ではさほど栄養分を必要としないミズゴケなどが優占する。つまり地下水位の違いが、大きな植生の違いを生み出している。ちなみに、「優占」は、ある植物種がそこにたくさん生えているという意味で、「優先」の誤変換ではない。講義で何度言っても、必ず間違える学生がいるので気をつけよう。

このような湿原では、栄養分や光を巡る競争や定着促進効果という種間関係がどのようになっているかも重要となる。貧栄養である高層湿原では、熾烈な競争が繰り広げられる。また、低層湿原は時間とともに高層湿原に変化していくが、このように時間とともに植生が変化していくことを遷移という。

生物が介在する地球上での化学物質の循環を、生物地球化学循環という。これを理解するには、水という化学物質の動きを知る必要がある。水に含まれるさまざまな栄養塩は、水の動きとともに移動する。したがって、湿原の水の動きは、生物地球化学循環、特に水循環の鍵となる。

冷温帯の湿原は泥炭を抜きには語れない

「泥炭（ピート、peat）」は、北海道では馴染み深いので説明なしに使ってしまうこともあるが、見たことのない人も多いだろう（図2）。これも、日本の北と南における湿原の捉え方の違いを生み出す要因になっている。札幌では、低地の建築現場を覗くと、泥炭対策工事をしているのに出くわす。枯葉や枯枝などの植物遺骸は、適当な温度、湿度、酸素濃度のもとでは微生物により分解されるが、それらの適当な条件が揃わないと分解が不完全となり、炭化は認め

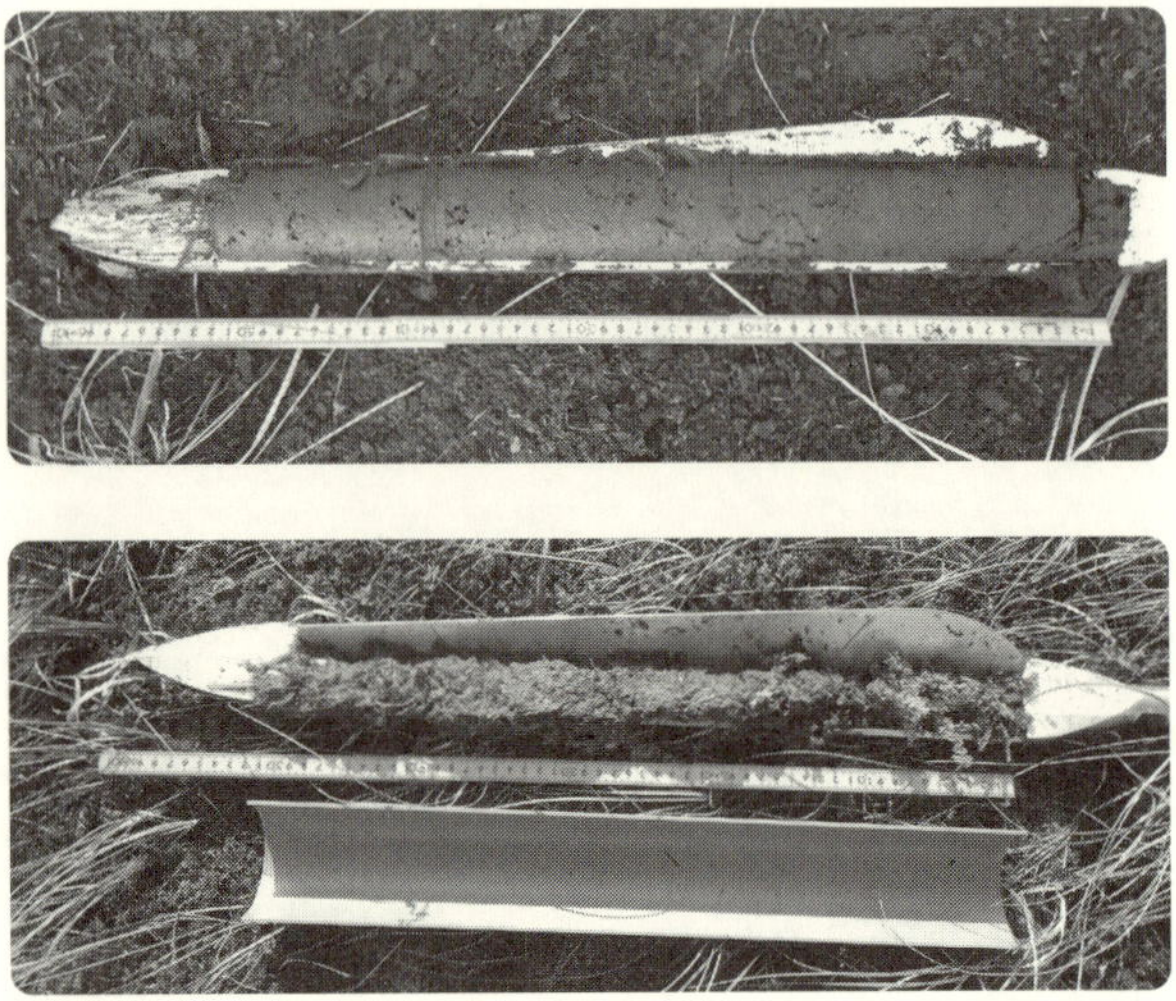

図2　ピートサンプラー（泥炭採取器）で得た泥炭サンプル。右側ほど地表に近い。【上】分解の進んだ泥炭。【下】未分解の泥炭。まだミズゴケの姿かたちがはっきりとわかる。

られるが完全には分解されずに残った植物遺骸が泥炭となる。つまり、泥炭とは、湿原で植物枯死体（リター）が蓄積する速度よりも分解する速度が遅いために堆積した有機物層の部分である。そのため、泥炭は、北海道などの湿潤で寒冷な環境でよく形成され、冷温帯に広く分布する。

　北海道において、ヤチ（谷地、谷内、野地）という言葉は、湿原を意味する。札幌市には大谷地という地名があるが、これは大きな湿原（があった）という意味であり、開発前には広大な湿原が分布していた。泥炭地は、地下水位が高く水が停滞している土地である。ついでながら、ヤチハンノキ、ヤチカンバ、ヤチスゲ、ヤチダモ、ヤチヤナギなど、「ヤチ」で始まる植物がたくさんあるが、これらは「湿原に生える○○」という意味である。

泥炭層には花粉が含まれるので、古環境の復元に活用されている。東京の中野区と練馬区にまたがる江古田の泥炭層の花粉分析から、二万年前には、アオモリトドマツ、カラマツ、トウヒ、チョウセンゴヨウなどからなる針葉樹林があったことが明らかにされた。北欧のミズゴケ泥炭湿原で保存状態のよい動物やヒトの遺体（湿原遺体）がよく発見されるように、泥炭が強酸性などの条件が揃えば、動物の死体はほとんど分解を受けず自然にミイラ化し保存される。一万年以上前にできたミイラも確認されている。湿原遺体の特徴を調べることで歴史・文化の復元が試みられている。これらのように、泥炭は、過去を解き明かすタイムカプセルでもある。

熱帯域には、熱帯泥炭または木質泥炭と呼ばれる泥炭がある。これは、熱帯独特の樹木の幹が難分解であるため土壌中に蓄積したものである。一九九七年に、インドネシアのカリマンタン島において森林火災地付近の泥炭林の調査を行ったのだが、その時に見た熱帯泥炭と教えられたブツは、ミカンの皮の色を濃くした汁の中に木の幹を沢庵代わりに漬け込んだような感じであった。まるで異世界の泥炭であって、形成過程から言ってもここでおもに扱う泥炭と同じには扱えないので、これは脇に置いておこう。

湿原の植物

ミズゴケ泥炭上には、ツツジ科やラン科の植物、食虫植物などが乱舞していることがある。夏に北海道を訪れたなら、随所で「原生花園」という名前のある場所を見たことだろう（本州にもあるが）。これから話題にあがるサロベツ湿原もサロベツ原生花園という別名を持っていて、夏の初めには、エゾカンゾウに代表される花々が咲き乱れる。このような特殊な植物が湿原に存在する理由は何だろう。決して、ヒトの目を楽しませるためではあるまい。これには、湿原という特殊な環境に適応した生き物の特性が関係している。

一九八八年に、世界最大級の湿原である中国四川省のロールガイ湿原を訪れた。この湿原は周囲を塩基性の石灰岩に囲まれており、水のｐＨは高めであった。そのため、酸性を好むミズゴケ類はまったく定着しておらず、ｐＨが高いところでよく見られるウスユキソウ属やヤハズハハコ属などの植物が見られた。

さらに、湿原では、植物間の関係ばかりでなく、湿原にいる動物や菌類にも目を向けておく必要がある。ロールガイ湿原では、遠目でも湿原のあちこちに植被の低い場所が見られた。近づいてみると、ヤクという巨大なウシがのんびりと草を食べている（図３）。その結果、いわゆる過放牧状態となり、湿原のあちこちで裸地化が起こっていた。落ちているヤクの糞の量も

図 3 【上】 ロールガイ湿原（中国）のヤク（ウシ科の一種）放牧地。餌となる草が減ると次のキャンプサイトに移動する。ヤクがいる周辺は裸地化が著しく、泥炭が露出している。しかし、怖くてヤクには近づけない。**【下】** 泥炭をレンガ状に切り出してつくられた簡易テント。泥炭は、こういう利用もできる。

バカにならない。もっとも、こちらは乾燥させて燃料として使うわけだが。また、湿原によく見られるツツジ科やラン科の植物は、根に菌類（カビやキノコの仲間）を棲まわせて菌根を形成している。植物は、菌類に土壌栄養を吸収してもらい、その栄養を使って光合成を行い、糖などを産出する。菌類側は、ご褒美に糖質などの光合成産物を植物から受け取る。ツツジ科植物とラン科植物は、陸上植物の八〇パーセント以上とされる菌根をつくる植物の中でも特徴的な菌根をつくることが知られている。過酷な環境に適応するために、特殊な菌根菌と共生する道を選んだのだろう。どうりで、ミズゴケ湿原には、菌根をつくる植物が多いわけだ。

湿原が地域と世界のあり方を決める

米国、欧州に代表されるように、それぞれの地域で異なる湿原観が形成されてきた。日本でも、北と南では、湿原の見え方は異なると思う。平地の植生で言えば、南では常緑広葉樹林、北では落葉広葉樹林または針葉樹林が発達する。北海道では、針広混交林という独特な森林も見られる。大学院生のころに、植生分布を議論する中で、箱根を越えたら日本ではない、と言ったことがあるが、それほど生えている植物も、それらが構成する景観も北と南では大きく異なる。自分にとって、北海道の植生は大阪よりもアラスカに似ている。湿原も、その例に漏れず、南に行くにつれて泥炭は減る。湿原とのつき合い方が地域で異なるのも仕方がないが、その中でも共通して考えられる要素もある。

生態系サービスとは、生態系を構成する種の高い多様性を維持することでヒトが得られる利得を意味する。湿原は、地域を超えた普遍的な生態系サービスを提供している。その最たるものが泥炭蓄積で、泥炭は多量の炭素を貯留している。しかし、泥炭は燃料利用されることからわかるように燃えやすく、しばしば泥炭火災を発生させる。アラスカのクロトウヒ林は林床がミズゴケとその泥炭で覆われているのだが、よく燃える。泥炭と火災は切っても切れない関係にある。これらの泥炭が消失すれば、これまで炭素貯蔵源であった泥炭地は一転して二酸化炭素（CO_2）放出源となり、地球温暖化を加速させることだろう。これだけでも、泥炭地保全・復元の必要性を説明するには十分である。

誰がために泥炭は消える

湿原減少のおもな原因は、疑いなくヒトである。サロベツでも、入植が始まったのは明治時代だが、湿原の減少が顕著となるのは戦後である。食料増産のため湿原から農地への転換が行われ、大規模放水路の建設と湿原の排水が進められた。

泥炭は燃料、土壌改良材、浴用泥炭としても利用され、世界各地、特に泥炭層のよく発達した冷温帯で採掘されてきた。連続テレビ小説「マッサン」の主人公のモデルである竹鶴政孝創業のニッカウヰスキーの香りづけにも泥炭は欠かせず、北海道・余市を蒸留所として選んだ理由の一つは、そこに豊富な泥炭があったからである。また、日本では、太平洋戦争末期から戦後にかけて、泥炭が土化した亜灰を燃料として利用していた。ロールガイ湿原調査でも、チベット族の人たちが、泥炭とヤクの糞を乾燥させたものを燃料に使っていてテントからは独特の香りがしていた。北欧では近年、火力発電の燃料として使われている。

このように、泥炭湿原は、さまざまな用途で転換と採掘をされつづけ、世界規模で減少している。北海道では、大正時代には一七七二平方キロメートルあった湿原が、一九九九年には七〇九平方キロメートルまで減少した。[*6] つまり、六〇パーセントの減少である。全国では、明治・大正時代に二一一一平方キロメートルだったのが八二一平方キロメートルに減少した。よくぞ、ここまで減らしたものだ。もっとも、明治以前を見れば、江戸などの大都市は、ヨシが優占する干潟を排水・埋め立ててしてつくられたものだ。湿地を埋めて人が利用できる土地にすることは歴史上必然だったのかもしれない。しかし、湿原が加速度的に減少したのは、欧米的な湿原思想の導入と湿原開発が推進された明治以降であろう。

誰がために湿原を保全・復元するのか

尾瀬湿原（尾瀬ヶ原）は、本州の湿原としては最大級である。その保護のために、一九四九年に結成された尾瀬保存期成同盟が母体となり、一九五一年に日本自然保護協会が結成された。一九七〇年代には、自然保護運動がさかんとなった。大学もこの影響を受け、一九七七年に環境科学と名のつく大学院第一号となる環境科学研究科が北海道大学に設置された。本研究科は、現在の地球環境科学研究院の前身である。北海道の湿原の自然保護関連では、釧路湿原が、一九八〇年にラムサール条約湿地に登録され、一九八七年には国立公園に指定された。サロベツ湿原も、一九七四年に釧路湿原に先駆けて国立公園となり、二〇〇五年にはラムサール条約湿地に登録された。これに合わせ、上サロベツ自然再生協議会が発足し、農業との共生を目指した湿原再生が図られつつある。

やはり、ヒトが原因である気候変動または地球温暖化が湿原の存在を危うくしている。最近では、地球沸騰化とまで言われており、湿原に対する影響は深刻である。地面に堆積した落葉落枝のことをリターという。泥炭はリターの分解速度が遅いため土に戻らずに蓄積していく。しかし、温度が高くなると微生物活性も高くなるためリターの分解速度は速くなり、分解によってより多くのCO_2が大気中に放出される。このことにより、正のフィードバックが起こり大気中のCO_2濃度がより高くなれば温暖化は加速される。全人類のためにも、湿原の適切な管理・保全・復元は必須である。

理解のヒントになることを期待して、研究中の話題に触れるコラムを各章に一つずつ配置した。「ヒトには邪魔にも思える生態系の意義」が書けていれば幸いである。湿原研究も研究が深まるにしたがって不明な点は増えるばかりである。しかし、地球温暖化は、湿原再生を待っていてくれそうにない。温暖化に追いつけ追い越せで、湿原生態系の保全と復元が進められる一助となればと思う。また、湿原に生きる独特な植物・動物・微生物たちの生き方を思いながら湿原を散策できればより有意義な体験となるかもしれない。ちなみに、二月二日は世界湿地の日で、テーマは「湿原と人類の幸福」である。

コラム1　湿原研究のきっかけ

きっかけは、小さな偶然であった。自分のホームページ[*7]にメモがあった。それによると、
忘れもしない博士課程一年の時（一九八八年）の、生態学会北海道地区会での出来

図4　湿原調査の始まり。背景に見える巨大な水たまりが中国最大のロールガイ湿原のごく一部（1988年6月）。左端のヤッケ着が著者。泥炭地研究では、錚々たるメンバーが揃った。

事である。北海道教育大学釧路校の神田房行さんに「中国に行きたくない？」と聞かれる。「行きたいです」と即答する。その年の夏には、中国最大と言われる湿原の上に立っていた（図4）。

　という感じで、湿原調査が始まった。自分にとってはこれが最初の海外であった。現地に着き、調査隊副団長の辻井達一さんに言われたことは、「ここで何か調べてくれ」だった。想定内の言葉でもあり、ある意味、好き放題にやれたのはよかったが。

　湿原内の谷地坊主発達[*8]が多様性維持に寄与していること、ヤク過放牧地に適応した種の定着が見られること、[*9]湿原全体での標高経度に沿った植生パターンがあることを[*10]確認して論文にできたが、迂闊に手伝い気分で海外調査に行ってはいけないことを知ったことが一番の学びだろうか。とはいえ、シベリア、アラスカの調査で同じことを繰り返しているようにも思う。

サロベツ湿原調査のきっかけは、湿原が調べられれば、後は野となれ山となれ主義な院生が入ってきたことである。研究前の相談で、

著者「何を研究したいの」
院生「湿原を研究したいです」
著者「湿原の何を研究したいの」
院生「湿原の生態を研究したいです」
……以下ほぼ同じ会話の繰り返し……。

調査地以外は何でもいい型の確信犯だ……。あれこれ思案していたら、当時は博士課程にいたシュテファン（Stefan Hotes、現中央大学）と大学院の裏で出くわし、湿原で何かできないかとか聞いてみたりする。すると、泥炭採掘跡地がシュテファンの調査地の近くにあるので見てみたら、というヒントをもらった。渡りに船だと、採掘跡地を見に行くと、見渡す限り採掘跡地という名のなんとも巨大な裸地と草地である。

採掘前の原生花園と呼ばれる雰囲気は何もない。これを全部歩いて調べるのですか。そんなことできますか、という話を、その確信犯にしたら、元気に「やります」とのこと。では、やってもらおうということになったのがサロベツ泥炭採掘跡地研究の始まりであった。[*11] まずは状況把握が大事ということで、方法としては、異なる採掘年のところの植生調査をして、時系列に並べて、おおまかな遷移パターンを把握するというクロノシークエンスという手法を用いて調べることにした。

このように、湿原研究は、すべてが偶然で始まったが、三〇年前には、今まで続けることになるとは思っていなかった。

第1章　湿原の生態系と景観

ヨシスゲ湿原

湿原は、泥炭の有無から、泥炭湿原（または泥炭地）と泥炭のない湿原に大別されることもある。泥炭湿原は、優占種をもとに名づけられたミズゴケ湿原（高層湿原）とヨシスゲ湿原（低層湿原）の二つに分けられる。この区分は、地球上のどこでも同じようだ。ミズゴケ湿原とヨシスゲ湿原は、それほど明瞭な違いを有している。

大きな池を考えてみよう。池には、周りから落葉、落枝、粘土やシルトなどの土砂が堆積し、池は、徐々に浅くなってくる。この段階では水の供給は、湿原周辺からの流入水と地下水に依存する。そのため、雨水に比べて栄養塩類が遥かに豊富である。そうすると、大型の植物が成育可能となり、ヨシやスゲ類が優占する湿原が形成される。そのため、湿原の地下水位の高いところでヨシスゲ湿原が発達することが多い。

ミズゴケ湿原

ヨシスゲ湿原において泥炭の堆積が進行すると、やがて周囲よりも盛り上がり、典型的な形は、東京ドームを上から見たようなドーム状地形となる。相対的に地下水は低くなり、流入水は減少し、これらの水の影響を受けにくくなる。地下水位よりも上部に発達した湿原では、地下水を植物が利用することは難しい。そうなると、ドーム上部の植生構造は雨や雪からの水分により決められる。つまり、地表面はおもに雨水により満たされ、植物の成長に使われる水分はおもに雨水となる。降水には栄養塩類はほとんど含まれていないので、大量の栄養分を必要とする大きな植物は成育できず、貧栄養な条件下で成育できる植物からなる植生が発達することになる。つまり、貧栄養な環境で優占する種から成り立つミズゴケ湿原となる。

湿原は全体的にまっ平らというわけではなく、さまざまな大きさの凸凹がモザイク状に分布するのが普通である。凸凹は水位に関係するので、凸な部分（高層）にミズゴケが、凹な部分（低層）にヨシスゲが生え、ミズゴケ湿原とヨシスゲ湿原がモザイク状に配置されていることもある。凸凹の大きさにより、モザイク模様も変化するし、植生も変化する。

同情するなら水をくれ

このように、湿原植生を理解する鍵は、水、水、水である。中島みゆきの「水」という歌の歌詞を理解することに尽きる。たとえば、拠水林は、湿原を流れる河川に沿って帯状に発達した森林を指す。拠水林は、河川により運搬された土壌と栄養分が樹木を育てるため、ミズゴケ湿原でも見られる。

そして、ヒトと湿原のつながりは、太古の時代、いや、人類が地球上に生まれてから、ずっと強かったに違いない。そうでなければ、農耕も発達し得ないし、四大文明も発生しない。人類発展の要となる集落は河川の近くに形成されてきた。水なくして、植物なし。植物なくして文明なし。

しかし、水と言っても、その物理・化学・生物学的な振る舞いを見るならば、さまざまな性質の水が存在する。物理的には、湿原の水は、「どこから来てどこへ行くのか」がポイントである。植物が地下水位の上下どちらにいるかで、湿原の運命が決まってしまう。湿原植物は、過湿な環境に成育しているのだが、浸水に弱いものも多い。水没すれば、その部分は酸欠状態となり呼吸ができず、その組織が死んでしまう。浸水にいたらなくても、呼吸困難な状態が長続きすれば、光合成効率が落ち、枯死してしまうこともある。

流水の吸収に特化した組織や器官を持たない多くの植物は流水を利用することができない。よって、多くの植物にとって、河川を流れる水は必ずしも十分な量の水とは限らない。河原には水が豊富にあるので、植物は楽をしていると思われるかもしれないが、「みにくいあひるの子」のように、水を確保するために水の中では必死に足を掻いているのかもしれない。一方、大規模な氾濫があれば、そこにいた植物は流されてしまうなど、苦労は絶えない。特に、泥炭は吸着力が強いためすべての水分を植物が得られるわけではなく、加えて栄養塩類を豊富に含む有機物の分解が遅いため、泥炭中のすべての栄養分を植物が利用できるわけではない。

湿原に入ってくる水には何が混ざっているのだろう。雨水は大気微生物などを若干は含んではいるだろうが、いわゆる貧栄養な水であり、そういう水だけで生きていくのは植物でも勇気がいる。しかし、そういう道を選択した植物がミズゴケとも言える。植物は、種子や胞子が散布される時を除けば、長距離の移動は不可能である。植物は、たどり着いた先がたとえ貧栄養でも、ストレスや攪乱が大きくても、それらを活用して、そこで生きていくという戦略をとらざるを得ない。「忘れな草をもう一度」の歌詞のように、植物は、行き着いた場所で花を咲かせるべく頑張っている。

地形学・地理学での湿原分類

地形学、地理学、なかでも水文地理学では、地形に基づく地下水位と地表面の関係を基準に、地下水位よりも上にある高層湿原と下にある低層湿原とに区別している。水と植物の関係と対応させると、ヨシスゲ湿原は低層湿原に、ミズゴケ湿原は高層湿原に相当する。

高層湿原と低層湿原との境目にある高層とも低層とも言いがたい部分を中間湿原あるいは中

層湿原と呼ぶことがある。ただし、地形的には低層湿原であっても、利用できるのが栄養豊富な地下水ではなく貧栄養な湧水などである場合、ミズゴケ湿原などの貧栄養性植生が発達する。このような湿原も中間湿原と呼ぶならば、泥炭が蓄積しにくい温暖な地方に発達する貧栄養性の湿原の多くは、中間湿原となる。

岩盤や粘土層などの不透水層からの湧水によって涵養される湿原を、湧水の出ている周囲なので、面積は大きくはないが湧水涵養湿原として区別することがある。この型の湿原は、低層湿原から遷移して形成されるものではなく、最初から中間湿原的な植生となるため、ほぼ死語だが初生貧栄養湿原とも呼ばれたこともある。

ミズゴケ湿原では、泥炭がフカフカで、時にスカスカなので、面白い地形が発達する。谷地《やち》眼《まなこ》は、ぱっと見は可愛い水たまりなのだが、中は底なしかというくらいに深い。潜ってみたことはないが、断面図を描くと水瓶のような形をしているらしい。ロールガイ湿原の調査では、谷地眼だらけのところに行く時に、安全のためにと深さを確認するための赤白ポールを渡された。

霧多布《きりたっぷ》湿原のヤチハンノキ林とアカエゾマツ林の境界形成過程の調査では[*1]、歩く度に地震かというくらいに地面が上下に揺れるところが、あちこちにあった。泥炭中に水たまりができ浮輪のようになったところを歩くとこうなるらしく、地域によっては「揺るぎの田代《たしろ》」と呼ぶそうだ。英語でも、震えるコケ（quaking moss）という。湖や沼では、ミズゴケ泥炭塊がちぎれて水の上に浮かぶ島、いわゆる浮島、となる。旭川から国道二七三号で二時間弱ほど東に向かうと国道から少し離れたところに見られる浮島《うきしま》湿原の名前はまさに体を表している。サロベツでは、瞳沼《ひとみぬま》の浮島が人為により数十年でできた例として報告されているが[*2]、そのような不安定な環境で浮島は永続できるのだろうか。

統一見解はなくても湿原は存在する

他の湿原区分を見てみよう。序章で触れたようにラムサール条約における湿地は、おもに水鳥の保全を目的に定義されるため、生態学的な湿原とは意味が若干だが異なる。他にも、生態学の定義とは異なる湿原の定義が見られる。

環境省が定めた「重要湿地」において湿原は、高層湿原、中間湿原、低層湿原、雪田草原、河川、淡水湖沼、汽水湖沼、汽水域、干潟、塩湿地、藻場、砂浜、浅海域、サンゴ礁、マングローブ、水田、休耕田、溜池、水路、湧水、湧水湿地（湿原）、その他の二二に分類される。自分には、細かすぎる。

先ほども述べたが、欧州流と米国流の湿原生態学が入り混じっているのも頭を悩ます原因である。欧州、米国、どちらの研究者も、やりにくくなるだけだし、それぞれの定義を変えるつもりはないだろう。一方、日本的と言える湿原体系は見当たらない。二つの流派のどちらかを採用し、もう片方を無視するのもありかもしれない。同じ日本の中でも、北と南では湿原の認識に相違がある。研究分野を跨いだ研究も増えることは明らかであるため、統一された定義は必要だと思う。

研究分野間での言葉の意味の違いにも注意したい。地形と植生は対応関係が見られることが多く、植生による湿原区分と地形による区分は概ね一致するので、高層湿原とミズゴケ湿原はほぼ同じ意味となる。しかし、まったく一致というわけではない。地形的には中間湿原とされても、ミズゴケ湿原の植物が優占することはある。インドネシアの泥炭湿原近くの側溝の中にミズゴケを見つけた時には、ここは高層湿原なのかと思いながら見ていた。ある研究分野で認識統一のためにつくられた定義が、他の分野では混乱のもととなっている。同じ言葉をまったく違う意味で使っているなら、分野ごとや地域ごとに分けるか別の単語をつくればいいが、微妙に異なるあたりが煩わしい。言葉の違いは、お互いに譲らないから、話がずっと嚙み合わない。これでは、総合科学を目指す環境科学への道のりが遠のいてしまう。

湿原生態系と湿原景観

生態学での景観（ランドスケープ）とは、「複数の生態系が組み合わさって成り立つ一つのシステム」である。「サーモン・ダンス」の歌詞のように、海洋生態系と河川生態系、そして河川生態系と森林生態系のつながりが一つの世界（景観）をつくり出すわけである。たとえば、湿原を取り巻く植生が森林なのか草原なのかで、湿原に流入する水質は異なり、そこに定着する生物種も異なる。このことは、森林生態系あるいは草原生態系と湿原生態系が強く結びついていることを意味する。さらに、森林生態系が針葉樹林なのか広葉樹林なのか、針広混交林なのか、広葉樹林でも常緑樹林なのか落葉樹林なのかによって、湿原生態系とのつながり方も異なる。湿原の発達機構を理解するには、時として、その周囲の生態系とのつながり、すなわち、景観の構造と機能を明らかにする必要がある。

このような研究分野を景観生態学（ランドスケープエコロジー）といい、景観に含まれる個々の生態系を景観要素と呼ぶ。景観生態学は、生態系機能の保全・復元をヒトが行う地域計画に生態学的知見を導入したエコロジカル・プランニングに科学的知見を提供している。ただし、景観の意味は、ヒトとの関わりを重視する場合には、風景や景色とほぼ同じ意味になるので用語の使用には注意を要する。

生態学的意味での景観から湿原を考えてみると、湿原があり、その中を川が流れ、上流には森林が、下流には河口が、そしてすべての生態系をサケは移動し……、というように、複数の生態系がつながることで景観機能が形成される。このことは、湿原の保全には、湿原の周辺生態系を含めることが必要なことを意味している。サロベツ湿原から日本海側に向かう途中で、複数の砂丘が海岸線に沿って波状に発達している稚咲内《わかさかない》砂丘列にぶつかる。それらの砂丘の上には、海岸近くではミズナラ林が、海岸から離れるにつれトドマツを主体とする針広混交林が発達する。砂丘と砂丘の間の窪地には一〇〇以上の湖沼が見られ、大小さまざまな湿原が発達している。このような場合には、全体を一つの景観として保全しないと意味がない。

湿原は里山景観の必須アイテム

里山も、ヒトと水なくしては成立できない。里山とは、集落とそれを取り巻く複数の生態系がつながり合って維持されている景観単位である。そこでは、建築材、薪炭材、ホダ木などを集め、キノコ狩りができる生活に密着した二次林が見られる。二次林とは、伐採などの人為攪乱の後に再生した森林植生を指す。二次林は攪乱後の再生途上の森林であるため、密度が高く、構成する樹木の太さ・高さが比較的揃っていることが多い。もちろん、二次林が維持されずに成長できれば、やがて天然林と区別がつかなくなる。

日本では、近くに田畑があって、それに水を引く小川があって、その上流には薪炭林があって、茅葺屋根の材料となる草原が手近にある。これらの生態系がセットになって、里山は形成されている。里山は、平地を含める意味で里地里山と呼ぶことも多い。スタジオジブリ作品の「となりのトトロ」の世界が里山のイメージに近いと思う。

湿原は、里山景観を形成するのに重要な位置を占めている。田んぼも湿原ではあるが、それにもましてヨシ原、小川、溜池などの湿原生態系は、生態系サービスにも見られるように、里山には欠かせない。[*3] 第7章で触れるが、里山ビオトープは、二次林、湿原（溜池や水田）、小川などの相互作用によって形成される。そこで、昔からある農村や漁村では、里山の中に不足する景観単位をビオトープの導入により再生し、景観機能を再生することが試みられている。里山ビオトープの水田や溜池を好む動植物も知られ、高い多様性を維持しており、湿原保全に一役を買っている。

北海道に里山はあるのか

北海道では農耕文化と呼ぶべき文化は発達せず、縄文時代の次には、稲作が普及しなかったため続縄文時代と呼ばれる時代が七〜八世紀頃まで続いた。つまり、北海道では本州・四国・九州で農耕文化が根づいた時代である弥生時代は存在せず、そのような古くから維持されてきた里地里山はない。北海道に現存する里山的な景観は、おもに明治の開拓以降につくられたものである。この期間に、アイヌの人たちは森林も湿原もカムイ（神々）からの贈り物として敬意を持ち接していた。そのため、採取時期を限るなどにより過剰な狩猟・採取を避け、持続可能な利用を図っていた。

しかし、そうなると、北海道の景観は本来の意味での里地里山からはみ出てしまう。そこで、環境省が進める「生物多様性保全上重要な里地里山」では、原生的な自然と都市との中間に位置し、集落とそれを取り巻く二次林、それらと混在する農地、溜池、草原などで構成される地域を里地里山としている。[*4] ヒトによりつくり出された景観である里地里山は、食料、燃料生産ばかりでなく、動植物の生息地となり生物多様性を維持してきた。環境保全を含めた、さまざまな生態系サービスにおける機能を有し、憩いの場、芸術創出などの役割も果たしている。重要な里地里山には、北海道から六か所が選定され、湿原関係では、湿性林を含む帯広の森、宮島沼と周辺農地、歌才《うたさい》湿原を含む黒松内《くろまつない》、沙流川《さるがわ》流域が含まれている。

北海道的里山

生物の分布がどのように決まっているのかを明らかにしようとする生物地理学研究では、歌才湿原を含む黒松内低地帯は重要な地域である。黒松内までは、本州北部との共通種が多いが、ブナ林の北限として知られるように、多くの植物種と植生がこれ以北には出現しない。黒松内に発達した歌才湿原の泥炭層は九メートルときわめて厚いことがボーリングにより確認されている[*5]。サロベツ湿原ですら泥炭深は三〜七メートル程度である。泥炭の厚さは、炭素貯蔵量に概ね比例する。歌才湿原では、花粉分析と^{14}C測定から二・三万年前の最終氷期に泥炭発達が始まったと考えられている。しかし、九〇〇〇〜五〇〇〇年前の温暖期に泥炭蓄積は一時停滞し、その後再び発達を始め、現在にいたっている。道内では最も古い湿原の一つとなる。

「沙流川流域」は、森林が主体だが、下流ではヤナギ林や、アイヌ語の「サラ（サル）」が示すヨシ原も発達する。ここでは、湿原タイプが一式見られると前出の辻井先生は言っていたが、確かに湿原が景観上の重要な位置を占めている。沙流川流域では、旧石器時代の遺跡が見つかるように「アイヌの伝統と近代開拓による沙流川流域の文化的景観」が残っており「重要文化的景観」に指定された。ある意味、北海道的里山と呼んでもいいのかもしれない。しかし、沙流川流域の二風谷《にぶたに》ダムや平取《びらとり》ダムなどのダム建設は、アイヌ文化の聖地に大きな影響を与えている。

アイヌ的里山

アイヌは、湿原を表す用語を数多く有し、湿原と密着した生活があることを示している。オタ・モイ（砂丘）、サノプトウフ（河口）、ナイまたはペッ（川）、ト（湖）などに区分している。ヨシ原は「サラ」と呼ばれる。サロベツは、いくつかの解釈があるが、その中の一つは、「サラ・ペッ」で「ヨシの生える川」である。ヨシは、チセ（住居）の材料として使われ大量に必要であるため、アイヌにとって重要な植物である。沙流川、猿払《さるふつ》川、サロマ湖などの地名にもヨシが入っている。低木や谷地坊主などが生えた湿原は「ニタッ」と呼ばれ、ヨシ湿原とは区別されていた。

アイヌにとって、湿原は生態系サービスの宝庫であった。サケ（鮭）は、「本当の食べ物」という意味のシペとも呼ばれ、縄文時代から食料であったばかりでなく皮は衣服や靴などの材料として使われ、それらは交易品としても活用された。サケに捨てられる部分は、まったくない。ワタスゲの綿毛は保温材とされ、食用を含めた多くの有用植物やガンコウランの果汁などは染料などにも利用された。ガンコウランは、高山の礫地やハイマツ林の林縁、低地でも海岸近くや高層湿原に生える分布が奇妙な植物である。自分の調査地では、渡島駒ケ岳の山頂部、サロベツ湿原、歌才湿原で見られる。これらは、自然と向かい合い生きつづけてきたアイヌにとっては、暮らしに欠かせない存在だった[*6]。

コラム2　セントヘレンズ山の湿原（図5）

ワシントン大学植物学科（当時）のビルで、日曜にエレベータに閉じ込められた。実験で来ていたが、休日は静かなもので誰かが気づくことは期待できない。やむなく非常ボタンを押し緊急電話で「外に出られません」と伝える。ものの五分で救助隊がやってきた。慣れたもので、よくあるトラブルなようだ。

この建物は吹き抜けになっていて、時々変わったものが飾ってある。開いたエレベータのドアの向こうを見ると二階で止まったようだが、そこに、天井まで伸びている巨大なヨシが飾られていた。

ヨシは、北米では目の敵にされている外来種、すなわち生物学的侵入種である。ヨシの侵入定着により北米の湿原では、在来植生の改変、多様性の低下などが起こって

図 5 【左】1980 年の大噴火の時に山体崩壊が起こった部分が見える角度からのセントヘレンズ山を背景に、お世話になったマンディとジョンの 2 人。すでに山頂は雪に覆われていた。【右】キャンプサイトから下流に下りていくとスピリット湖に着く。その途中の軽石平原（Pumice Plain）に湿原が発達し、その植生と埋土種子集団の関係を調べた。2 枚とも 1993 年 9 月 24 日撮影。

いる。そのため、ヨシは、北米をはじめとする海外でもさかんに研究されている。雑誌『Biological Invasions』（生物学的侵入）では二〇一六年九月号で「特集　ヨシの侵入」が組まれた。[*7] 穿った見方をすれば、多くの対策は上手くいっていないということになる。たとえば、米国ユタ州では、ヨシが優占する湿原では、在来種の埋土《まいど》種子集団は発達が乏しく、侵入種であるヨシの埋土種子を駆逐しても、在来種の再生を促進することはできなかった。[*8] しかし、失敗例は、生態系復元を行う際には貴重な情報である。手に入りやすく、育てることが容易で実験材料にも適した生物学的侵入種であるため、ヨシを生物学的侵入研究のモデル生物にすべきだという提案がなされるくらいである。[*9]

温室実験は、発芽数を確認せねばならない毎日が続くのだが、休日に仕事をするのは論外なお国柄と雰囲気の中で、ワシントン大学の四年生だったマンディはすごかった。彼女は、セントヘレンズ山の湿原で採取した火山噴出物を温室で撒いて、淡々と、休日も発芽実験をこなしていた。[*10] もっとも、セントヘレンズ山の湿原調査では、マンディが持ってきた巻尺の目盛幅がやけに広いと思ったら単位がインチだった（一インチ＝二・五四センチメートル）。同大博士課程で筆者の隣の席だったジョンに、サイエンスではメートルを使う、と叱られていた。著者が米国の人の論文で二・五四の倍数が出てきたら、それはつまりこういうことだろう。

第2章

湿原の機能

——行きつく先は地球温暖化

湿原の物理的・化学的・生物学的機能

湿原は、巨大な炭素貯蔵源であり、地球温暖化緩和に大きく寄与している。章の冒頭で、こう言われると何のことか疑問を持たれると思う。それに触れる前に、湿原の三機能、物理的・化学的・生物学的機能を見ておこう。

物理的機能は、湿原が膨大な水の保水能力を持つことに起因し、ほぼ防災・減災機能のことを指す。具体的には、貯水による水量調節の結果として生まれる洪水調整機能が挙げられる。気候変動に伴う水災害の増大を見据え、降水が河川に流入する範囲である集水域から浸水が想定される氾濫域にわたる水災害対策を行う流域治水にとって湿原は重要な位置を占める。一方、長い間雨が降らなければ、湿原から水を供給し旱魃《かんばつ》を遅らせる役割を果たす。津波の威力を湿原が吸収することで、被害を軽減する機能も期待されている。このように、湿原を含めた生態系が持つ機能を活用した防災・減災は、Ｅｃｏ－ＤＲＲ（Ecosystem-based Disaster Risk Reduction）と呼ばれることもある。

水面の水は大気に影響するため、ヒートアイランド現象の緩和などの気候調整機能なども物理的機能に含められる。

化学的機能の代表的なものに、水質浄化がある。水質汚濁や富栄養化は、湿原環境を大きく変化させる。貧栄養であるミズゴケ湿原の周辺に草地などが造成され、そこから肥料の流入などがあると汚濁と富栄養化は一気に進む。そこで、湿原に生えている植物に、水質汚濁や過剰養分を調節し、本来の水質に戻す役割が期待される。水処理に用いられる湿原は、化学的機能を持つように設計されたビオトープなど、人工的につくられることもある。バイオレメディエーションは植物や微生物の働きを利用し汚染物質を分解して、水を浄化する技術を指し、湿原はまさにその機能を有している。大量の汚染物質を浄化するにはそれなりのコストもかかるが、人工的に湿原をつくったとしても、化学的な浄化に比べれば遥かに安価であるし、景観的にも好ましい。

ヨシは、窒素やリンの吸収に加え、重金属を蓄積し水質を浄化する植物として注目された。そのため、ヨシ原の再生や造成は、水質浄化機能の向上手段として期待されているが、[*1]琵琶湖のヨシ原での研究ではヨシの水質浄化への寄与はきわめて小さかった。[*2]水質浄化能力は、微生物に依存する部分も大きく、微生物叢の構造により大きく異なる。汚染物質を蓄積したヨシ枯死部分の除去処分も必要だが、枯葉から発酵によりエタノールを得ることができ、再生可能エネルギーとしての利用も考えられている。いずれにしても、問題点はいくつか残り、実践のためにはさらなる研究が必要である。

生物学的機能には、生態系が生物を含んでいる限りさまざまな機能がある。まず、数多くの絶滅危惧種が生息していることが挙げられよう。その他については、随所で触れるので、話をそちらに回そう。ここでは、地球温暖化低減の切札としての炭素貯蔵機能も期待されていることだけは強調しておく。

生態系サービス――モネの「睡蓮の池」

生態系サービスとは、その名の通り、生態系から供給されるヒトの利益となる機能を指す。この利益となるさまざまな機能をサービスという一語で表しているが、大きく供給、調整、文化、基盤の四種類に分けられる。保全を加え、五項目とすることもある。

供給サービスには、狩猟や漁獲を含む食料供給、屋根などの素材、繊維、染料、樹脂、薬などの材料、泥炭や水力を用いたエネルギーなどがある。調整サービスには、気候変動緩和、洪水低減・抑制、水質浄化などがある。文化サービスとしては、湿原以外でも注目されているエコツーリズムや、お花畑などでの散策やバードウォッチングなどのレクリエーションがある。加えて、さまざまな科学や芸術の閃きの場としても活用される。基盤サービスには、生態系そのものの機能が属し、物質循環、植物、水・大気の安定などが含まれる。保全サービスを加える時には、遺伝子資源、種多様性、防災・減災機能などを保全サービスに移す。

画家のクロード・モネ（一八四〇～一九二六年、仏）は、「睡蓮」を連作として残している。モネは、睡蓮の花が咲く池をつくり、閃きを湧かせたとも言われる。芸術を金銭で表すのは抵抗があるが、二〇〇八年のロンドンでのオークションでは、晩年の「睡蓮の池」が四一〇〇万ポンドで落札された。一ポンドを一八〇円で換算すると、七〇億円を超える。東山魁夷《ひがしやまかいい》（一九〇八～一九九九年）は、一九六二年に森と湖を巡ることを目的に北欧四国を旅し、北欧画集「森と湖の国」や小画集「森と湖と」の題材とした。芸術の素材となる風景の多くには、高層湿原が含まれている。ミズゴケ湿原が、膨大な金額の生態系サービスとなることは疑いない。湿原の生態系サービスの経済価値は、七六一万～八八〇万円／ヘクタール・年となり、他の生態系と比べても三～一〇倍高いという推定もある。*3

冷温帯に泥炭湿原は多い

泥炭について触れておくべきだろう。泥炭とは、地下水位が高いなどの理由で嫌気的または還元的な場所で、リターなどの分解が抑えられ長い年月をかけて蓄積された有機質の部分である。したがって、泥炭は湿原で発達しやすい。リターは、植物が枯死し地面に堆積したすべてなので、概ね、落葉、落枝、倒木、枯死根からなる。日本の多くの湿原では、リターを構成す

図6　ミズゴケ。**【左】**泥炭採掘地に定着したミズゴケ（2023年7月14日）。中央の黒い球体が胞子嚢。**【右】**ミズゴケの模式図。先端の小さな点が胞子嚢。

るおもな器官は、葉と枝なので、リターを落葉落枝と訳す人もいる。そのリターは、ミズゴケ湿原ではミズゴケが大半を占めている（図6）。熱帯泥炭のように、倒木がリターの主体をなすこともある。湿原のリターが地表に蓄積すると、気温が適当であれば分解し土壌に帰っていくところだが、気温が低いとリター分解菌の活動も低く抑えられるため分解が進まない。そのため、中途半端に分解されたリターが堆積していき泥炭となる。

泥炭基質を構成する優占種により泥炭は、ミズゴケ泥炭（高層泥炭、高位泥炭）、ヨシスゲ泥炭（低層泥炭、低位泥炭）に大別される。序章でも述べたが木質泥炭は別枠としよう。湿原区分と同様で、中位泥炭というカテゴリーをつくることもある。

低温だと、湿原が乾燥しにくく、微生物の活動を鈍らせ有機物分解が遅くなるため、冷涼な気候ではミズゴケ泥炭がよく発達する。日本では、北海道の湿原の大部分が泥炭湿原に属する。日本である程度の規模のある高層泥炭湿原の南限は、長野県の標高一六〇〇メートルにある面積四三ヘクタールの八島ヶ原湿原とされる。この湿原は、一万二〇〇〇年をかけ湿性一次遷移が進むことで形成されたと推定され、現在の泥炭の厚さは八メートルに達する。これ以南に、まとまったミズゴケ湿原は見られない。規模は数ヘクタールで泥炭層も薄いが日本の最南端のミズゴケ湿原とされるのは、屋久島の宮之浦岳淀川登山口から二〜三時間で着く花之江河《はなのえごう》湿原で、標高は八島ヶ原湿原と同じ一六〇〇メートルにある。日本の南の方で標高が低いところでは泥炭の分解が蓄積に優り、泥炭層は容易に発達せず、ミズゴケ湿原も発達しにくい。

湿原の泥炭は炭素の膨大な貯蔵源

それでは、泥炭はどのような場所で形成されるのだろう。湿潤係数という係数があって、(年降水量／年蒸発量)で与えられる。降水量が蒸発量よりも大きければ、この係数は一より大きくなり土壌に水が蓄えられる傾向となる。つまり、一を超えれば、過湿な土壌であり泥炭が形成されやすい。温度が高いほど蒸発量も高くなるので、温度の高い地域ほど湿潤係数も低い傾向にある。年平均気温二五度が限界温度で、これよりも気温が高いと、リターが活発に分解されて高層湿原は発達できない。北海道で低地に分布する高層泥炭湿原で南限に相当するものは、黒松内低地帯に位置する静狩湿原と歌才湿原である。歌才湿原は、面積五ヘクタール程度の小規模な湿原だが、北海道南西部高層湿原植生の原形を残している。どちらも、排水路や道路などの造成による人為攪乱の影響を大きく受けており痛々しい。これらの人為攪乱を受けた湿原を調べると、ヒメシダもヨレヨレで成熟度を下げていた。[*4]

このように、泥炭形成過程は気候に大きく左右されるが、形成過程を決めるのは気候だけではない。供給されるリターの種類や組織により分解のされ方は異なるため、リターの分解速度、あるいは、泥炭の蓄積速度は異なる。また、リター分解菌は植生の変化に合わせて遷移するため、[*5]種類が同じリターでも植生遷移段階によって分解速度が異なる。[*6]ホームフィールドアドバンテージ仮説（home field advantage、HFA）というのがある。HFAとは、リター分解が自分の種が優占する植生のところで速いというものである。[*7]ミズゴケ湿原では、ミズゴケを好むリター分解菌が豊富なため、ミズゴケの分解が、ミズゴケを好む分解菌が少ない他の植生に比べて速くなることがある。サロベツ泥炭採掘跡地では、ヌマガヤ、ミカヅキグサといった維管束植物ではHFAは認められず、ミズゴケでHFAは顕著であった。[*8]このことは、遷移が進むにつれリターの分解速度も変化することを示している。

泥炭は産地と性状によって泥炭と熱帯泥炭に分けられる。前者が、いわゆる冷温帯で形成される泥炭であるが、わざわざ冷温帯泥炭と呼ぶ人はいない。冷温帯に発達する泥炭は、湿性の草原で形成されたものが主体をなすため、木質部は余り含まれない草本やコケ類の枯葉が主体となる泥炭である。

現在の泥炭湿原のほとんどは、一万二〇〇〇年前の氷河後退後に高緯度地域で形成されたと言われる。そして、泥炭の蓄積速度は、年間一ミリメートル程度とも言われている。ただし、これはきわめて大雑把な見積もりである。サロベツでは泥炭深が六メートルということは、泥炭形成から六〇〇〇年以上が経過していることになるが、六〇〇〇年前は、サロベツは海ではなかっただろうか。泥炭の蓄積速度はリターの供給量と分解量の収支で決まるので、地域や環境でかなりの違いがあり、なかなかきれいに一ミリメートル／年とはならない。

ツンドラでは、永久凍土が発達するが、凍土の部分は、ずっと凍っているわけで、凍った土壌の中に泥炭が発達することもなく、凍土の上にのみ薄い泥炭層が見られる。薄いと言っても、時には数メートルになることもある。したがって、永久凍土がなく、泥炭の分解が遅く、リターや泥炭の供給が多い、北海道のような冷温帯で泥炭地はよく発達する。そういうわけで、泥炭利用がさかんな地域は、そのような気候の地域となる。一方、分解速度が供給速度を上回れば、泥炭が蓄積することはない。そのため、日本の中でも泥炭地は北に行くほど増え、かつ、規模が大きくなる。

生産力を知ることは炭素固定量を知ること

湿原のCO_2のもととも言える炭素貯蔵の話の前に、生態系の生産力についてまとめておこう。生態系の生産力とは、単位時間あたりに、その生態系が吸収する炭素量あるいはエネルギー量のことである。ただし、吸収はおもに植物の光合成によってなされるので、光合成があまりできなくなった衰退しつつある生態系では、炭素は吸収よりも放出の方が多いこともある。ここでは、エネルギー量ではなく炭素量で生産力を扱う。生産力は、四種類の生産力に分けられる。[*9] 生態系の炭素吸収、つまりCO_2吸収は、植物の光合成がその役目のほぼすべてを担っている。そこで、植物が吸収した炭素量のことを総一次生産力（gross primary productivity、GPP）と呼ぶ。しかし、植物は光合成を行うと同時に呼吸を行っている。そのため、植物体は呼吸の分だけ炭素を放出するので、その分を引いた純一次生産力（net primary productivity、NPP）が、実際の生産力になる。これで、炭素動態に関する植物の役割は調べられるが、生態系としての炭素動態を理解するためには、植物のみを知るだけでは不十分である。なぜならば、現実の生態系では、植物以外に動物や微生物といった生物的要因と、攪乱などの非生物的要因が炭素の動きに関係している。そのため、植物以外の生物の呼吸をNPPから引いた純生態系生産力（net ecosystem productivity、NEP）、火災や洪水などの攪乱によりその生態系が失った炭素をNEPから引いた純バイオーム生産力（net biome productivity、NBP。純生物相生産とも言う）が考案された。整理して、これらの四つの生産力の関係を式で書くならば、

GPP＝植物が光合成で吸収した炭素量
NPP＝GPP－植物が呼吸により放出した炭素量
NEP＝NPP－植物以外の生物が呼吸により放出した炭素量
NBP＝NEP－攪乱による炭素の損失量

となる。攪乱は、自然攪乱も人為攪乱も含むわけだが、攪乱による損失（消費）は、定期的に起こるとは限らず、長期的な変動の結果であり、生態系としての炭素動態を明らかにするには、NBPの測定と予測が必要である。NBPは、極相などの安定した生態系であれば長い目で見ると炭素の吸収量と放出量はほぼ同じとなるため、ゼロに近づくはずである。ただし、これらの数字は、測定方法により大きな違いがあり、精度の高い測定方法の確立が望まれる。

残された湿原

湿原の範囲の決め方で、値は大きく変わるのだが、世界の湿原面積は五三〇万〜五七〇万平方キロメートルと見積もられ陸地面積の四〜六パーセントを占めている。[*10] また別の説では、陸地において七〇〇万〜一〇〇〇万平方キロメートル、比率にして五〜八パーセントが湿原の占める面積と推定されている。[*11] このうち六〇パーセントがミズゴケ湿原と見なされている。泥炭湿原に限れば、世界全体で陸地面積の三パーセントを占める。[*12] 泥炭湿原のうち、九割（三五七万平方キロメートル）が、気候が冷涼な中・高緯度地域に分布し、残りの一割が熱帯泥炭地となるという推定もある。減少面積の推定も大きな幅があるが、産業革命以降には、だいたい三〇〜九〇パーセントの湿原が減ったと推定されている。[*13] 三〇パーセントでも膨大な面積である。二〇世紀だけで、六四〜七一パーセントが消失したという推定もある。[*14] 地球レベルおよび地域・国レベルでの地理空間情報のメタ分析に基づいてつくられた世界規模の泥炭地地図であるPEATMAPの推定では、泥炭地面積は四二三万平方キロメートルであり、[*15] ここ一〇年で、さらに湿原は大きく減ったようである。

世界全体の泥炭湿原の炭素貯蔵量は五二八〜六〇〇ペタグラム（一ペタグラム＝一〇の一二乗キログラム）以上と推定される。[*16] 泥炭湿原は大気中の炭素を固定し泥炭中に蓄えることで成立してきたが、その炭素固定と蓄積の機能はさまざまな人間活動により急激に失われ、逆に膨大な炭素放出源となりつつある。

ウクライナといえば、「世界の穀倉地帯」として広大な「麦の唄」の歌詞のような景色を思い浮かべるだろう。ところが、ウクライナ北部のポレシエ地域には、欧州最大とされる広大な湿原が広がっていた。大規模な排水溝設置により農地に転換された地域も広く、泥炭採掘も行われている。ミズゴケ湿原も豊富だが、大半はヨシなどの優占する湿原か、ヤナギ、ハンノキの見られる湿性林となる。しかし、ロシアによる侵攻により、この地は、生態系云々の前にどうなってしまうのだろう。生態系保全や復元に、無力感を感じるような出来事は止められないのだろうか。

日本に現在残っている湿原は、どうだろう。泥炭湿原という範囲で推定された面積を見ると、北海道の札幌を含む石狩地方では、一八七〇年に五万六九〇〇ヘクタールあったが一九六〇年までに一一九ヘクタールまで減少した[*17]。つまり〇・二パーセントにまで減った。

湿原は、さまざまな開発により大きく減少しているため、いずれの数字でも年々減少していることは間違いない。特に、ミズゴケ泥炭は、土地利用転換と商用のために、世界各地で大きく減少している。

熱帯泥炭

熱帯泥炭を見ておこう。熱帯でも泥炭は形成され、熱帯泥炭と呼ばれるが、成因は、冷温帯のものとは大きく異なる。熱帯泥炭は泥炭湿地林の樹木を材料に形成されるため、湿地林なしには発達しない。しかし、環境と植生に依存して、泥炭が発達する点は普通の泥炭と同じである。[*18] インドネシア、カリマンタン島では川岸に、高酸性かつ貧栄養となる浸水した土壌環境が形成され、植物枯死体の分解が進まず泥炭となって蓄積する泥炭湿原が発達するため、[*19] 川からの距離に応じ植生と泥炭の質と量は変化している。[*20]

熱帯泥炭は、熱帯雨林を構成する木材の主成分の一つであるリグニンが豊富な泥炭である。リグニンは分解しづらいため泥炭として蓄積しやすい。その難分解性の樹木が水没し蓄積したものなので、木質部分が大きく残る特徴から木質泥炭とも呼ばれる。冷温帯の泥炭は、熱帯の木質泥炭に対応させれば草質泥炭と呼べるが、単に泥炭と呼ばれ、草質泥炭と呼ぶ人はまずいない。

熱帯泥炭地は陸地面積の〇・三パーセントを占めるにすぎないが、炭素貯蔵量は土壌全体の三パーセントに達する。熱帯泥炭地も、急激に進む森林伐採やパルプ材樹種・オイルパーム植林、森林火災のため、湿地林面積の減少と地下水位低下に伴う泥炭乾燥化が一気に進んだ。それに伴い好気的条件下で泥炭分解が進み、泥炭蓄積量は減少している。加えて泥炭火災のリスクが高まり、泥炭から大量のCO_2が排出されている。実際、熱帯泥炭地域における大気中への年間炭素放出量は、日本の年間炭素総排出量に匹敵している。[*21]

冷温帯では、温度上昇によりリター分解菌の活動が活性化するため泥炭分解が進むことと火災が泥炭減少のおもな要因の一つとなるが、熱帯では火災の影響がより大きい。そのため、グローバルカーボンプロジェクトは、熱帯泥炭地をCO_2排出ホットスポットと見なして研究を開始し、この地域において植林事業、灌漑システム導入、農林複合経営、環境保護教育などの普及により持続的利用の実現を訴えている。

地球温暖化を加速する正のフィードバック

地球温暖化の原因が人為により放出された温室効果ガス（おもに二酸化炭素）であることは、説明する必要もない時代となり、どの程度温暖化が進むかに焦点は移っている。二〇二三年七月には、ついに国連のグテーレス事務総長から「地球温暖化の時代は終わり、地球沸騰化の時代が到来した」という発言が出た。さすがに、沸騰はしないだろうけれど、河川の生物にとって一度の水温上昇は火傷を負うくらいに深刻な問題となることがある。的を射た喩えだと思う。

気温上昇は、その直接的効果に加え、さまざまな気候変動をもたらし、熱波、暴風雨、火災などが誘発される。温暖化により、台風が大型化し森林で風倒木が増えるのは、温暖化の間接的効果と言えよう。時として、間接的効果の方が生態系にとって、より大きな影響となる。その結果、熱中症などの健康被害、洪水、土砂崩れなどの災害、作物生産減少による食料不足などが増加することが懸念されている。

湿原は水に浸された土地なので、大きな火災は起こらないと思われがちだが、泥炭は燃料として使われるように、乾燥すればよく燃える。雨が降らずに泥炭が乾燥すれば、ささいなきっかけで泥炭火災は発生する。ロールガイでは、湿原の中で煙があがっていたが、泥炭の中でどこがどう燃えているのか、さっぱりわからず不気味であった。大量の炭素を抱え込んでいる泥炭が燃えれば、膨大な量のCO_2が大気中に放出されることは自明であろう。そうなると残念なことだが温暖化は、さらに加速される。加えて、ツンドラでは永久凍土が、火災後により多くとけるため地面の沈降が起こる。この沈降のことをサーモカルストという。

アラスカ、セワード半島で発生したツンドラ火災では、火災と沈降という二つの大きな環境変化が組み合わさって、常緑低木やミズゴケは回復が遅く、イネ・スゲ類および落葉低木は速かった。[*22] 特に、植生変化には、火災の方が沈降よりも強く影響していた。[*23] 火災後の地表面は乾燥し直射日光を浴びるため地温も高くなり、湿った環境を好むミズゴケの速やかな再生には適さない。ただし、沈降が起こり湿った環境となればミズゴケの定着も見られる。常緑低木は、常に青葉をつけているので、いつ火災が起こっても葉を失い光合成能力は低下する。一方、落葉低木は、火災時に開葉していなければ、おもな燃料となる葉がないので火災は軽度となり、また、新葉を毎年つくる性質のため速やかに葉を再生できる。イネ・スゲ類は、地下部に火災の影響を免れた地下茎や根を残し、それらからの速やかな再生が可能である。ツンドラ火災では、永久凍土をとかし、凍土中に蓄積されていたメタンが放出されるのも温暖化を促進するため、凍土減少の目印となる沈降は大きな問題である。

火災がなくても、温度上昇により泥炭とリターの分解が速まれば、やはり、正のフィードバックが働いてしまう。

湿原とメタンとCO_2

湿原における悩みを一つ。メタン（CH_4）は、CO_2の二八倍も強い温室効果ガスである。大気中でメタンが一増えた時とCO_2が二八増えた時の温度への効果は同じとなる。メタンをつくるメタン生成菌は水底の泥の中という嫌気的条件で活発にメタンを合成するため、湿原はメタンの最大放出源の一つである。湿原の木道を歩いていると、気泡がボコボコッと湧いているのを見たことがあると思うが、あの気泡の中にはメタンが多量に含まれている。ライターの火を当ててみると確かに、一瞬だが燃えた。メタンは牛などの大型哺乳類が出すゲップにも多量に含まれ、牛のゲップ由来のメタンガスの温室効果への寄与は世界全体の四パーセントを占めるとも言われる。そのため、メタン排出を減らす飼料の開発、牛舎内でメタンを回収し利用するなどの研究が行われている。

湿原生態系を、ミズゴケ湿原などの自然湿原と水田などの人工湿原に分けると、自然生態系でメタン放出の横綱は湿原である。メタンの全放出量は年間六四五テラグラム（一テラグラム＝一〇の九乗キログラム）と推定され、起源は、二二パーセントは湿原、五～二二パーセントが植生、一八パーセントが化石燃料、一八パーセントが反芻動物、一一パーセントが汚水と汚水処理、六パーセントが海洋、六パーセントが水田とされる。[*24] 水田は人工湿原の横綱で、環境全体において自然・人工湿原のメタン放出が占める割合は二八パーセントとなる。水田では、メタン放出減少のため、メタン放出の少ないイネの品種開発などの研究が続けられている。一方、自然生態系では、ほぼなすがままなのが現状である。

原因はどうあれ、湿原が乾燥化すれば、メタン生成菌の活動は不活発となり、メタン放出量は減少する。しかし、同時に泥炭の分解が進みCO_2の放出量が増える。一方、泥炭湿原を復元すれば、泥炭分解が遅くなりCO_2放出量は減るが、メタン放出量は増えることもある。[*25] 湿原のメタン放出量が増えれば温暖化に正のフィードバックが働き、温暖化が加速される。[26] このように湿原再生は、すべてが思惑通りに行くとは限らず、温暖化の抑制につながるCO_2蓄積と促進につながるCH_4放出の両面を考慮せねばならない。

シベリア、コリマ川沿いのツンドラ湿原で、メタン放出量を測定した。八月にもかかわらず、ものすごく寒かった。しかも、pH計の調子が悪い。蚊の数も尋常ではない。そのような中でも調べてみると、植生によりメタン放出量が大きく異なっていた。[27] それまで、ツンドラでメタン放出量を推定する時には、植生間のメタン放出量の違いはあまり考慮されていなかった。似た報告が他の地域からも出るようになり、植生はメタン放出のパラメータに組み入れられることが多くなった。このことを報告した自分たちの論文も、推定計算の精度向上に役立ったと思う。

コラム3　シベリア・アラスカのツンドラ調査

ツンドラは巨大である。西シベリア低地のツンドラ帯は、総面積二七四万五〇〇〇平方キロメートルとされ、世界の湿原の中でもトップクラスである。[28] 実感がないので、計算すると北海道の面積（八万三四五〇平方キロメートル）の約三三倍であった。ツンドラの大半は湿原であり、北海道の三三倍よりも大きいように感じる。タイガ（シベリアやアラスカなどの亜寒帯における針葉樹林帯）の林床もミズゴケに覆われることが多い。

シベリアのツンドラ調査で、頭の中が真っ白になった記憶としては、岸辺が氷に埋め尽くされた、「町には戻れないかも」事件がある。町から、ポンポン船で調査地まで移動し、眼前が北極海という場所でテント生活をした。八月中旬だが雪が降った。ということは、年中、雪が降るのではなかろうか。ある朝、海面が氷に覆い尽くされていた（図7）。風が北極海から吹いてくると、海岸に氷山が流れ着くようである。さて、船を停める岸辺はない。そして、船が来なければ帰れない。その日から、非常事態に備え食事の配給が減る。朝食に毎日一個支給だったトマトが三分の一個になった。結局、町に戻る予定日に船が回収に来てくれたが、帰りには船のエンジンが故障し北極海を数時間ほど漂っていた。[*29]

永久凍土が形づくる独特の地形の一つにバイジャラーヒ（Baidzharakhs）がある。バイジャラーヒはポリゴンと呼ばれる亀の甲模様の縁の部分が陥没し残った隆起の部分のある地形を指す。そのバイジャラーヒでの植生調査の時に、凍えて意識朦朧とし

図7　北極海に面した浜にテントを張っての調査（1996年8月13日撮影）。**【上】**海に浮かぶ固体は海氷。この後、海岸は海氷で埋め尽くされ、雪が降った。**【下】**バイジャラーヒの様子。手前のバイジャラーヒは凍土の融解により崩壊が始まっている。

ているとで、現地の人が脱兎のごとくやってきて、藁を掻き集めマッチ一本で焚火をおこしてくれた。いつの間にか、ウォッカをショットグラスに注いでくれ、これを飲めと身振りで教えてくれた。そういう事態になった時には、間髪を入れず、体の内外から温めることが肝要なことを教えてもらった。その後、何度か藁を使った焚火に挑戦したが成功したことはなく、自分にシベリアで生きていく力はないなと思った。暑くても、外出の時には例外なく蚊の大群との戦いになるので、それはそれで大変であった。

アラスカの調査でも北極海まで出かけたが、地図を眺めながら、この海が、あのバイジャラーヒの丘までつながっていることは、なかなかイメージできなかった。「ツンドラファイヤー」はツンドラ火災のことを、歌にもなっている「ツンドラ・バード」はオジロワシのことを指す。[*30] ツンドラバードの視点で、シベリアとアラスカを横断して湿原を眺めるとどうなるだろう。

第3章 湿原の遷移

遷移

時間の経過に伴って植生が変化することを遷移という。この点をまず押さえておこう。攪乱により、その地域から土や植物がまったくなくなった状態から始まる遷移を一次遷移、多少の植物や種子が存在した状態から始まる遷移を二次遷移という。[*1] 遷移初期によく出現する種を先駆種（パイオニア）という。先駆種は、攪乱地への移入を速やかに行える方が有利であるため、風などにより種子を長距離散布させる種が多い。種子に綿毛や羽をつけるヤナギやハルニレなどが代表的な種である。

攪乱により植物が大きく減った遷移初期には、植物の侵入経路、すなわち、回復に関わる植物の供給起源との関係が、遷移の方向を決める鍵となる。[*2] 植物供給起源は、周りの攪乱を受けなかったところからやってくる種子によってなされる移入、攪乱前から土壌中に眠っていた埋土種子や地下茎などの栄養繁殖体がある。東北地方の応援歌である「倒木の敗者復活戦」でも「傷から芽を出せ」と萌芽の重要性が歌われているが、二次遷移においては萌芽をはじめとする栄養繁殖が、植生回復に大きく寄与している。さらに、ヒトの時代に入ってからは、人為攪乱の激しいところでは、ヒトが意識しているかいないかにかかわらず、これらに加えて人為移入というものも考慮せねばならない。[*3]

途中相とは、遷移初期から極相までの期間の状態を指している。日本のように降水が豊富で温度も適当な地域では、火山噴火などの大規模攪乱後の遷移は、裸地から草原へ、草原から森林へと変化していくことが多い。攪乱やストレスの高い海岸や高山などを除けば、やがて森林となる。つまり、自然状態であれば、草原は、ストレスや攪乱などの環境圧が高く森林の発達が困難なところに形成され維持されている。あるいは、刈払いや野火などの人為攪乱により維持されている。ヨシスゲ湿原に対する火入れは、ヨシ原に他種の侵入や埋土種子集団からの発芽を促し多様な湿原植生を形成する。[*4]

遷移は、ここで扱う生態遷移と、「小石のように」で歌われる、山で生まれた岩石が川を流れ海にたどり着き再び山に戻るという長い時間を扱う地理学の地史的遷移という二種類がある。生態と地史的という言葉は省略されることが多いので、どちらの意味なのかは文脈で判断する必要があり、環境科学のような異分野融合を扱う研究では注意すべきである。

極相――森林化とミズゴケ湿原化

攪乱から時間が経過し、植生に大きな変化が見られなくなった段階を極相という。[*5] ただし、極相植生の内部でもモザイク状に倒木などの攪乱が起こっており、巨視的に見た場合に極相は動的に平衡状態を維持するギャップ動態と呼ばれる状態で維持されている。

火山噴火後や山火事後などの乾いたところで始まる遷移を乾性遷移、湖や沼から始まる遷移を湿性遷移と分けている。湿性一次遷移は、「最初は植物がまったくいない湖などが徐々に陸化し極相植生にいたる過程」を指す。しかし、極相は、森林とは限らない。ミズゴケ泥炭が蓄積し貧栄養状態が維持されれば森林化は起こらず、発達したミズゴケ湿原は土壌的な極相と見なせる。一方、栄養豊富な水が供給されれば森林が極相となる。

極相の捉え方には、気候的極相（単極相）説と土壌的極相（多極相）説の二つの概念がある。気候的極相説とは、一つの気候帯では、すべての生態系が一つの同じ極相へ向かって遷移するという説である。土壌的極相説とは、気候条件が同じでも土壌や立地などの気候以外の環境要因により異なる極相が発達できるという説である。極端な言い方をすれば、一つの気候では一つの極相しかないとするのが気候的極相説、複数の極相が存在するとするのが土壌的極相説である。

ミズゴケ湿原を極相と捉えるのは、多極相説に基づく。つまり、ミズゴケ湿原は、さらに長い時間が経過すれば、いつかは森林となるかもしれないが、現状では長期にわたり安定した生態系なので極相と認識してもよいという考え方である。なお、これらの二つは両立可能な説であり、どちらかが正しく他方が否定されるというものではない。

湿原であれば、遷移では必ず陸地化が起こり、日本であれば森林に向かって遷移すると考えるのが気候的極相説の立場で、沼沢地化したところでも長期にわたり生態系に大きな変化が見られなければ極相と見なせると考えるのが土壌的極相説の立場である。ハワイなら、いつの日か海に戻るはずで、海洋という湿原になると極相になるので、気候的極相も土壌的極相も同じになる。

湖沼や沼沢地が泥炭などの堆積により陸化し形成された湿原は、陸化型湿原と呼ばれ、湿性遷移の初期に相当し火口などにできやすい。有珠山では、噴火により形成された火口のいくつかが火口湖となったが、それが浅ければヨシやヤナギ類などが優占する湿原が発達する。[*6] 一方、谷が土砂や泥炭などで埋まりできた湿原を谷湿原という。谷湿原の多くは、河川などが自然堤防を形成し、その後、自然堤防の背後に発達した後背湿地《こうはいしっち》となる。その谷が南を向いている場合は、森林に囲まれていても、他の方位に比べ光は射すので樹林が発達することもある。

湿性遷移は、高層湿原化を含めた陸地化への道を進むわけだが、その途中でミズゴケ湿原が、地史的スケールでも長い時間にわたり維持されれば、それは土壌的極相と見なせる。

攪乱——泥炭採掘地を例に

攪乱は、生態系や植生の構造を物理的に変化させ、資源の利用可能量と物理環境を変える出来事のことを指す。具体的には、火山噴火、森林火災、台風、河川氾濫などにより生態系が破壊されることをいう。攪乱は、人がいなくても起こる自然攪乱と、森林伐採、農地造成、放牧、石炭採掘など人がいないと起こらない人為攪乱がある。日本のように山の斜面が森林で覆われる地域でのスキー場造成は、大規模森林伐採という立派な人為攪乱である。[*7] なかでも、泥炭採掘は、湿原における大規模な人為攪乱と言えよう。

泥炭採掘は、ミズゴケ泥炭の発達した地域では広範に見られる人為攪乱である。もっとも、昔は、手掘りだったので攪乱の規模も強度も、今と比べれば、可愛いものだったろう。サロベツ湿原では、サロベツ湿原センター付近で、戦前に防毒マスクの吸着剤として泥炭が手掘りで採掘されていた。この地域は、航空写真からぼんやりと採掘地がわかるが、地上で見た限りでは、未採掘地との違いがわからない程度に回復している。泥炭採掘が本格化したのは、土壌改良材としての商用採掘を始めた一九七〇年以降である。採掘は、深さ六メートルまで行われたが、粘土層が出たため三メートルで採掘を取りやめた地域がある。毎年、三〜一二ヘクタールの採掘が行われた。最初のころは、大面積で採掘されたが、販売量の減少に伴い、徐々に採掘面積を縮小し、二〇〇三年に経済的理由から採掘を取りやめた。

泥炭採掘は、機械掘りまたは手掘りにより表層から順に泥炭を採取するブロック採取、泥炭を粉砕して大きな管で吸い上げる吸引採取、泥炭をソーセージ状に切り出して採取などの方法で行われている。重機が入ることのできる泥炭地では、大型機械を用いて掘削が行われる。採掘方法により攪乱の質も量も異なるため、採掘後の遷移は地域間で異なる。サロベツでは、おもに浚渫船による吸引採取が行われた。

泥炭が大きく深く切り出されれば、泥炭中の種子や地下茎などの植物体は、ほぼすべてが除去されるため、植生回復は一次遷移に近いものとなる。手掘りでは、相当量の植物体が泥炭中に残るため二次遷移的になる。

地下部探検隊

これまでの話に違和感を覚えないだろうか。泥炭と水が重要と言いつつ、それらの環境に育つ根の話はほとんど触れられていない。栄養分確保に必要な植物の地下部を知る必要があるのに、あまり触れられていない。根圏とは、根の影響の及ぶ範囲のことを指す。したがって、根圏の範囲は根の大きさや土壌の性質によって変化する。その根圏の主体をなす植物の地下部組

図8　サロベツ泥炭採掘跡地に発達した谷地坊主上のサワギキョウを掘り取り観察された地下部（2006年7月5日）。地上部だけを見ると別個体に見えても、地下部では立派につながっている。しかも、すべてがつながっているわけではなく数個体から成り立っていた。こういうことは、地上部観察だけではわからない。

織の泥炭中での動態を知ることは、植物全体の動態を知るために必要不可欠である。しかし、これまで地下部の動態は、ほとんど調べられていない。その最大の理由は、地下部は、基本的には掘り取らねば測れない点にある（図8）。実験室では、X線や核磁気共鳴を用いて掘り取らずに根を撮影する方法も開発中だが[*8]、これらの機器と電源を野外に持ち運ぶ、あるいは、設置するのは現実的ではない。動態を知るには、同じところで時間をかけて変化を調べなければならない。一度、掘ってしまうとそこを調べることは二度とできないので、これらの条件を両立させない限り植物の地下部動態は明らかにできない。

それでは、地下部はどのように調べればいいのだろう。手っ取り早いのが、穴を掘って内部を、あるいは、地下部を掘り出して観察することであろう。ただし、湿原では、あっという間に水が溜まって、透明度の低い中でも鮮明に映る防水カメラがあったとしても、穴の中を観察するのは容易ではないだろう。そもそもそのようなカメラはあるのだろうか。しかし、仮にこのような方法で地下部が観測できたとしても大きな問題が立ちはだかっている。それは、植物を掘り出してしまったら、継続観測ができないことである。掘り取りだけでも目的によっては十分な観察ができるが、地下部の時間の経過に沿った変化、つまり動態を解明することはできない。そこで、地下部を定期的に観測する方法として、ミニライゾトロンやスキャナ箱などの方法が考案された。

ミニライゾトロンは、透明アクリル管を土壌中に埋め、その壁面の三六〇度をカメラで撮影しようというものである。しかし、管では観測面が小さく、管の横方向に根が逃げれば追いかけることはできない。[*9] そのため、面的に根を継続観察できる方法としてスキャナの使用が、森林での樹木の細根観察で考案された。[*10] サロベツ泥炭採掘跡地でも、この方法を湿原に応用して二〇二〇年から観測を始めた[*11]（図9）。世界初の観測事例となることだろう。これまでに、根系発達時期が種により異なることや、落葉後も根系成長は続いているなど、興味深い成果を得つつある。調子に乗って、歌才湿原でも、このスキャナ法による観測を始めた。これらの地下部再生過程を追跡することで、より正確にCO_2吸収速度などを測定できることが期待される。

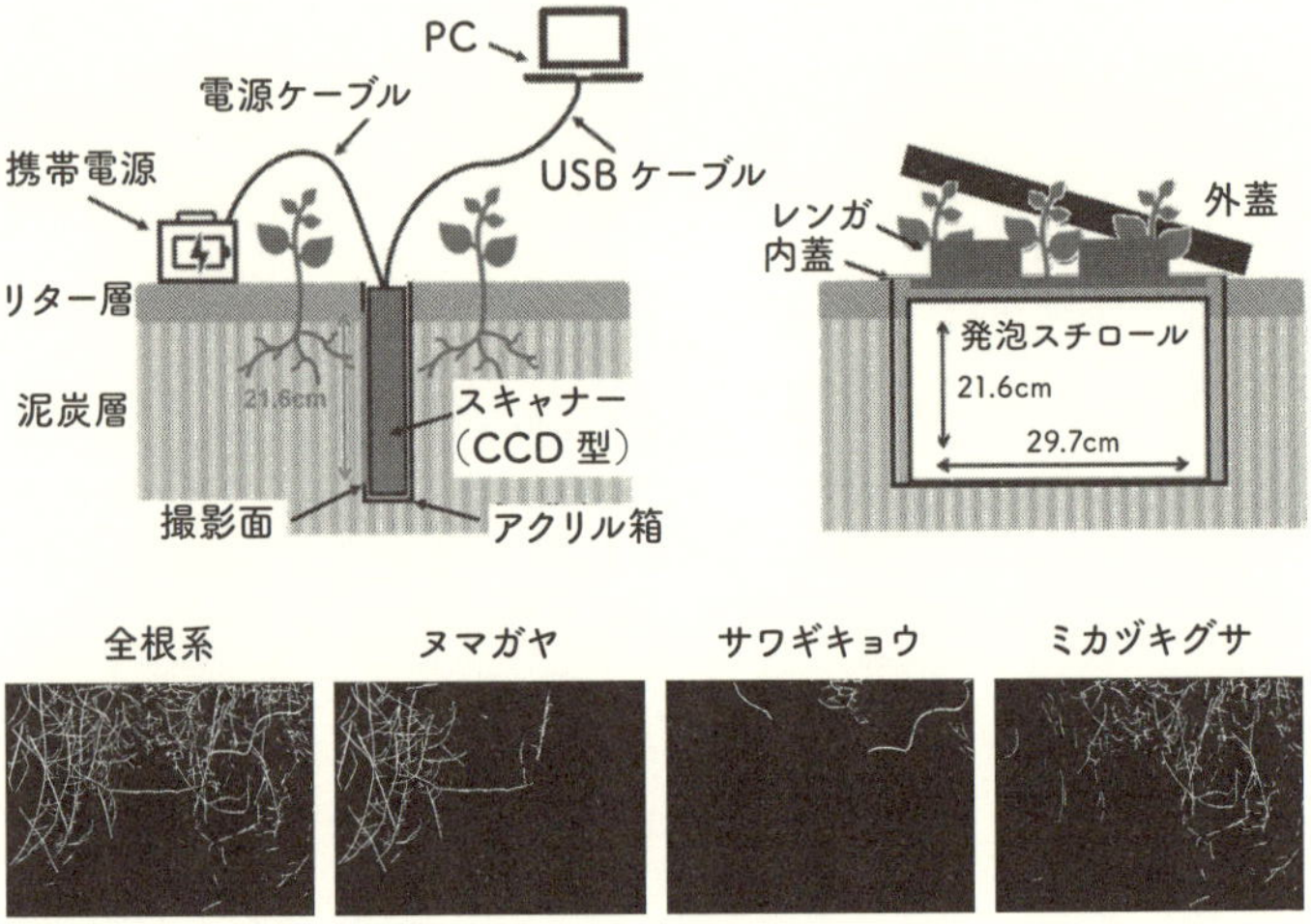

図 9 **【上】** 地下部撮影用スキャナ箱の概要。透明アクリル製の箱の中にスキャナを下ろし側面を撮影する。撮影面積は、ほぼ A4（210mm × 297mm）となる。スキャナ箱の上にレンガを載せないと、水位が高い時にスキャナ箱が空中浮遊してしまう。発泡スチロールは、箱が歪むのを防ぐのと水の侵入を減らすために、スキャナ撮影時を除いてアクリル箱の中に入れている。効果は、それなりに大きい。**【下】** ミカヅキグサ草地で撮影された画像処理後の根系画像（2023 年 10 月 7 日撮影）。根系画像を見ながら種を同定して分けたもの。

日本は火山大国——湿原にも影響するのか

日本にいると火山の影響は、どこでもあるのが当たり前のように感じ、湿原でも泥炭中に火山灰層があることに疑問を感じない。しかし、火山の影響があまりない地域の湿原では、泥炭に火山灰が混じるということはあり得ず、日本の湿原には驚くようである。そのため、日本の湿原は噴火降灰物（テフラ）の上に成立しているということで、日本のミズゴケ湿原を特徴づける言葉として、テフラに富む湿原という意味のテフラ栄養性湿原（tephratrophic mire）という用語が、ポーランドの研究者から提案された。[*12] 日本の中だけを考えるならば、暗黙の了解として大体がテフラ栄養性湿原になるので、この言葉を使う必要はないが、火山噴火は日本の植生全体に影響していることを再認識するにはよい提案だと思う。

実際に、テフラの植生に与える影響がサロベツ湿原において実験的に調べられた。方法が、なかなかで、湿原上にテフラを厚さ〇センチメートルから六センチメートルまで撒き、植生の変化を長期間追跡する。テフラは撒く前の冬に、橇《そり》で調査地の近くに運んでおいたという。その結果は、テフラが厚さ三〜六センチメートルで堆積すると短茎植物はテフラに埋もれ再生できず、ヤチヤナギという低木が優占する植生に変化した。[*13] 火山噴火によりテフラが三〜六センチメートル堆積すると、湿原生態系が、草地から低木林へと大きく変化してしまうほどの影響を与えることが示された。湿原でも、火山灰が混ざっているのが当たり前と思っている北海道人にとって、このような研究の発想は出てこない。これも、国が変われば自然の見方が変わる一例だろう。ヤチヤナギは、名前にヤナギがつくがヤナギ科ではなくヤマモモ科の植物で、フランキア（*Frankia*）というバクテリアと共生し窒素固定を行い、ミズゴケ湿原などの貧栄養環境での定着を可能としている。

永久凍土と湿原

シベリア・アラスカを語る上では、永久凍土も避けて通ることはできない。永久凍土は、〇度以下の温度が一年よりも長く続く土壌である。別の言い方をすれば、一年よりも長い時間にわたり凍ったままでいる土壌である。氷が混ざった土のことではない。土そのものが凍っているのである。アラスカでは、ほぼ全域が永久凍土に覆われている。永久凍土は、連続的永久凍土・不連続的永久凍土・点在的永久凍土に分けて扱うことが多いが、この違いは地下部での水の動きを決めるため、植物の分布にも関係している。アラスカのほぼ中心に位置するフェアバンクス（北緯六四度五〇分）のあたりは、連続凍土と不連続凍土の分布の境界にあたる。日本でも、富士山や北海道のほぼ中央にある大雪山《だいせつざん》から永久凍土が見つかるらしい。自分が学生のころは、日本に永久凍土はないと教わったような気がするのだが、科学の進歩は速い。土壌温度を計っていないので断言はできなかったのだが、富士山に永久凍土がある可能性は一九七〇年に指摘されていた。[*14] その後、土壌温度を測定し永久凍土の定義の範疇にあることが確認された。これらの永久凍土も地球温暖化に伴い、減少さらには消滅することが懸念されている。

永久凍土地帯では、ポリゴン、パルサ、エドマ、バイジャラーヒ、アラスなどの凍土研究者にしか意味がわからない呼称を持つ独特の地形が見られる。シベリア東側の北極海に面した斜面では、バイジャラーヒという独特の形をした隆起が散在している。バイジャラーヒは、現地の言葉（サハ語）で「残された塚」とでも訳す地形である。バイジャラーヒ形成には、やはり永久凍土が関係している。ポリゴンが発達すると、その亀の甲の縁取りの部分がとけて陥没し、残った部分が、結果として小高い隆起となる。凍土の上には薄いが泥炭層が見られる。この薄い泥炭層が、植物の唯一の生命活動可能な部分となる。さらに、バイジャラーヒの泥炭層には草食ネズミのレミングが巣をつくっていた。永久凍土の中に巣をつくるのはつらいし無理だから、そうなるのも頷ける。その結果、巣の周辺のバイジャラーヒではレミングの好むイネ科の植物は、採食されるため少ない。つまり、バイジャラーヒが発達するとレミングに巣をつくる場所を提供し、レミングは巣の周りの好きな植物を食べ、植生が変化するという関係によって生態系が成立していた。[*15] 温暖化が進めばバイジャラーヒの地形も崩壊するため、今後も生態系は変化していくだろう。

タイガもツンドラもミズゴケが大事——森林火災とツンドラ火災

フェアバンクス近郊では、大まかには北側斜面にクロトウヒ、南側斜面にシロトウヒの森林が発達する。北側斜面は、山影となり太陽光を受けにくく気温が低いため、南斜面に比べてリターの分解が遅く、また永久凍土が発達しやすい。そのため、北側斜面の土壌は薄く貧栄養である。シロトウヒは、クロトウヒに比べると栄養分の高いところで競争に強いため、相対的にリター分解が速く、永久凍土を欠く南向き斜面で優占する。一方、クロトウヒは、シロトウヒが定着できない北向き斜面で優占する。これらの結果が、南北斜面の植生の違いに表れている。

アラスカでは、森林火災とツンドラ火災が頻繁に見られる。火災の原因は、しばらく雨のない空気の乾燥した時期に、乾雷と呼ばれる雨を伴わない落雷が引き起こす自然発火である。日本では、森林火災の多くが人為攪乱に起因するが、アラスカでは落雷という自然攪乱によることが多い。

アラスカの北側の大半はツンドラなため、アラスカ全体での森林面積は四七万平方キロメートルで二七パーセントでしかない。その中での森林火災となるため、火災密度はきわめて高い。

ツンドラでも乾雷による大面積火災が増えた。

乾燥しているため火災は広がりやすい。ただし、これまでの森林火災は、林冠火災で、どちらかと言えば火災強度は強くなかった。林冠とは、樹木や森林の天辺近くの葉に覆われた部分を指す。その林冠がおもに燃え、ミズゴケが見られる林床は、地表火により燃えるのだが、斑状に燃え残ることが普通であった。地元の人は、燃え残ったミズゴケと泥炭が、こんもり盛り上がって残った姿をミズゴケでできた羊と呼んでいたが、特徴を捉えたよい表現だと思う（図10）。

ベーリング海峡を挟みアラスカの向かい側となるロシアでは、火災のおもな要因は人為であることは話題にあがる。落雷による自然火災もないわけではないが、違法森林伐採が横行し、それに加えて焚火や煙草の不始末などがおもな原因というのは改善されねばならない。

昔から、人為による森林火災はシベリア（特にサハ共和国）では多発しており、凍土の融解を促進し地形を改変し植生を変化させている。[*16] シベリアのカラマツが優占するタイガでは、アラスカと同じように林床に大量のミズゴケや低木など、乾燥するとよく燃える燃料がある。それに加えて、カラマツは落葉性の針葉樹で、夏が終わると大量の枯葉という名の燃料を林床に供給する。そのため、林床はよく燃える。ただし、火災によって林床の低木、草本、地衣類、ミズゴケを含む蘚苔類《せんたい》が燃やされるため、火災後には他種の定着が促進され多様性が高まるら

図 10　2004 年夏に大規模森林火災が発生したアラスカ・フェアバンクス近くのポーカーフラット北向き斜面で見られたクロトウヒ林火災跡地。**【上】**林冠部。火災でクロトウヒはほぼすべて死亡したが、樹冠先端には球果が数多く残っている（2005 年 5 月 8 日）。**【下】**ミズゴケでできた羊。球果をつけたクロトウヒ先端が倒れ羊の上に乗る（2005 年 8 月 13 日）。

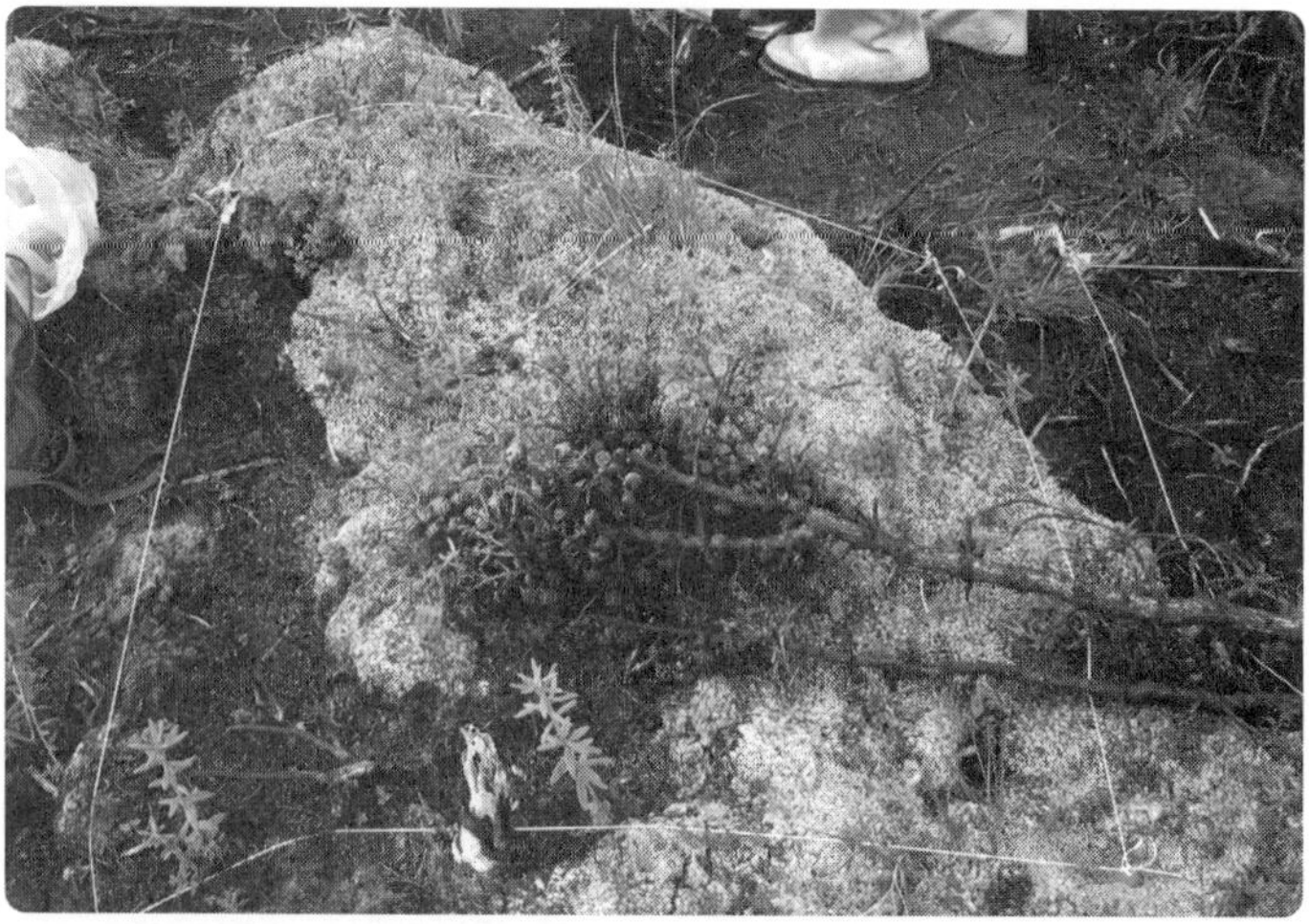

しい。

しかし、火災の原因を考えると、複雑な気分である。シベリア調査に同行させていただいた北海道大学低温科学研究所の佐藤利幸さん（現信州大学名誉教授）が「シベリアの自然は蚊が守っている」と言っていたが、まったく、その通りだと思う。シベリアには、数十種類の蚊がいて、これらが場所を変え時間を変え飛び交っているので、蚊がいないという時間も場所もない。しかも、テントの屋根が真っ黒になるくらいに、その数は尋常ではない。蚊さえいなければ、シベリアをリゾート天国にすることも可能だろうが、現状では、特別な事情がない限り訪れたい人は、そうはいないだろう。シベリアは、蚊によって開発から守られていると言えるのではなかろうか。ヒトがいなければ、火災もまれにしか発生しないはずだ。その蚊の発生源も、湿原なので保全はやはり重要である。

森林火災後の遷移

クロトウヒ林における林冠火災後の遷移の特徴は、火災直後からクロトウヒ実生が出現し、極相までクロトウヒ林が継続することである。[*17] もっとも、極相と言えるステージになる前に次の火災が発生すれば極相は見られない。アラスカのクロトウヒ林は、火災適応型の森林と言える。クロトウヒは、平時には、球果（松ぼっくり）が、松脂で蓋をされ硬く閉じている。そして、火災の時に松脂が揮発すると球果が開き、その中に入っていた種子が散布される。クロトウヒの種子の大きさは数ミリ程度で、小さな翼がついており、風により散布される。焼け残ったミズゴケ表面には、クロトウヒ以外のさまざまな樹木の種子も飛んでくるが、ミズゴケ上は乾燥し、これらの種子の発芽には適さず、ほとんど実生を見ない。発芽できても厚いミズゴケに阻まれ、根が有機物層に到達する前に枯死してしまう。そのため、他樹種との種間競争に弱いクロトウヒは、ミズゴケ上では競争を避け、低水分、貧栄養な環境で細々と成育する。

問題は、近年、森林火災の面積と強度が、ともに大きくなってきていることだ。森林火災の大規模化は、気候変動により乾雷が増えているのがおもな原因と考えられている。二〇〇四年には、アラスカ全域で森林火災・ツンドラ火災が多発した。この年の森林火災の合計面積は、日本の四国の面積を上回った。林冠火災と異なり、林床のミズゴケまでもが燃えてしまう強度の大きな全焼火災が増えた。

アルベドは、太陽光を反射する程度を示し、〇ならまったく反射せず、大半が熱として土壌中に吸収されていることを示す。一方、アルベドが一ならすべて反射することを示す。アルベドが低いことは、光エネルギーが熱に代わり土壌中に蓄積され土壌温度が上昇しやすい。火災後には、地表面が真っ黒になると、虫眼鏡で黒い紙を燃やした時と同じ原理でアルベド低下により土壌温度が上昇し凍土の融解が進むが、アルベドがもとに戻るには植生の回復が必要である。[18] さらに、ミズゴケのリターは、燃えた地表面の高い温度のために、より速く分解され、それによって土壌の栄養分が増加する。[19] こうなると、これまで貧栄養だから定着できたクロトウヒの運命はどうなるのだろう。

この疑問に答えるために、北向き斜面に発達するクロトウヒ林の大規模森林火災跡地において一〇年間にわたり調査を行った。火災後の焼け残りを見ると、地表面はかなりの部分がミズゴケで覆われていた。種子からの生活史を追って整理すると、全焼火災後でもクロトウヒの種子散布は、数年間は継続していた。[20] また、これらの散布された種子は、発芽可能であった。一方、これまでの北側斜面での森林火災後の遷移では見ることのないヤマナラシ、カンバ類、ヤナギ類などの落葉広葉樹の実生の定着が、燃えた地表面ではクロトウヒを上回っていた。さらに、これらの落葉広葉樹の成長は、クロトウヒよりも速かった。このままだと、クロトウヒ林となる以前に、落葉広葉樹林が形成されることになり、これまでの遷移とは大きく異なる経路を歩むことになる。加えて、燃えた地表面では、燃えていない地表面ではまったく見られないヤナギランやヤノウエノアカゴケなどが、火災直後に優占した。[21]

もう数十年の観測を見てから結論を出したいところだが、北向き斜面のクロトウヒ林では、全焼火災が起こると、これまではまれであった遷移が普通となる可能性が高い。

コラム4　野外調査では何があっても動じない

なぜか、サロベツ湿原の調査は、院生が長靴を忘れてサロベツ湿原センターで長靴を借りるとか、弥次喜多珍道中になりがちである。とは言え、そこから得た研究成果の価値は、計り知れない。長靴にまつわる話では、調査の度に長靴に穴を開ける院生と、調査の度に長靴で泥炭を踏み抜く学生がいた。スキャナ撮影は、何一つ忘れ物は許されないのだが、ほぼ毎回、何かが足りない。機械破壊の常習犯もいた。常習犯は、オゾンを調べたいと言っていたが、それは無理で、紫外線が植物に与える影響を、泥炭採掘跡地の裸地で調べることにした。その研究で、田植えをするとは思わなかった（図11）。

調査用ザックの中に常に入っている湿原植生調査の七つ道具を記しておこう。書いていてザックが重たい理由もわかったが、これらがあれば事件発生時に動揺は小さくて済む。

図 11　植物への紫外線影響を調べた実験区。**【上】**ビニールの下に、実生を植え植物の成長を調べる。2008 年 4 月 17 日。ビニールは、紫外線、可視光、全光カットの 3 種類を使用した。**【下】**実験区回収時にビニールを外した時の実験区全体の様子。なかなか壮観。2010 年 10 月 22 日（＊22）。

●野帳と筆記用具　なければ仕事にならない。野帳は、防水野帳と普通野帳の二種類、ボールペンは、雨に濡れても書けるものを用意している。ただし、防水系の道具が活躍する日の調査は、心が重い。

●巻尺と折尺　調査区設置、測定などで必須である。巻尺は、両面目盛が使いやすい。

●剪定鋏と根掘り　不明の植物は、標本にして調べよう。泥炭を掘るなら、泥炭包丁も持っていくとよい。

●ビニール袋、マジック、ビニールテープ　袋の大きさに迷ったら、一斗サイズを用意する。

●ピンテ（ピンクテープ）　ピンク以外の色でもなぜかピンテと呼ぶが、目印に使うので目立つ色がよい。

- **GPS**　予備電池を忘れるとただの石となることがある。湿原で濃霧に囲まれたりして迷子になったらGPSが必ず救ってくれる。
- **デジカメ**　水に落とした時に泣かなくて済むので、防水を選ぼう。接写性能も選ぶポイント。
- **雨具・防寒具**　サロベツ湿原では、夏でも寒いことがあるので、持っていると幸せになれることがある。
- **おやつと飲み物**　行動食ともいう。暑い日に、チョコレートをザックに入れるのはやめた方がいい。
- **他**　ザックには入らないが、剣先スコップや赤白ポールもあると便利。

第4章 湿原の保全

湿原保全に必要なツール――生活史を知ること

生態系の保全と復元は、さまざまな成育段階に応じたツールを駆使しながら行う必要がある。何はさておき、各成育段階を理解するのに欠かせない生活史について触れておきたい。

生活史は、個体の出生から死亡にいたるまでの過程を記した道標で（図12）、種子から始まり親になってまた種子に戻る環になるので、どこから始めてもよいが、種子から始め果実をつくるまでの流れで描かれることが多い。成育段階は、種子から始めるなら種子、実生、幼（非開花）個体、成熟（開花）個体という順に進む。植物では、これに加えて、種子が土中で発芽せず眠っている埋土種子という段階もある。

安定した生態系や個体群の再生・復元を図るには、各成育段階で重要な環境要因が変化する点に留意する必要がある。発芽には光が重要だが、実生の成長には土壌栄養の方が重要であれば、それぞれの生活史段階で異なる環境要求性があることになる。これらの環境と植物の対応関係は、時間とともに変化するわけである。

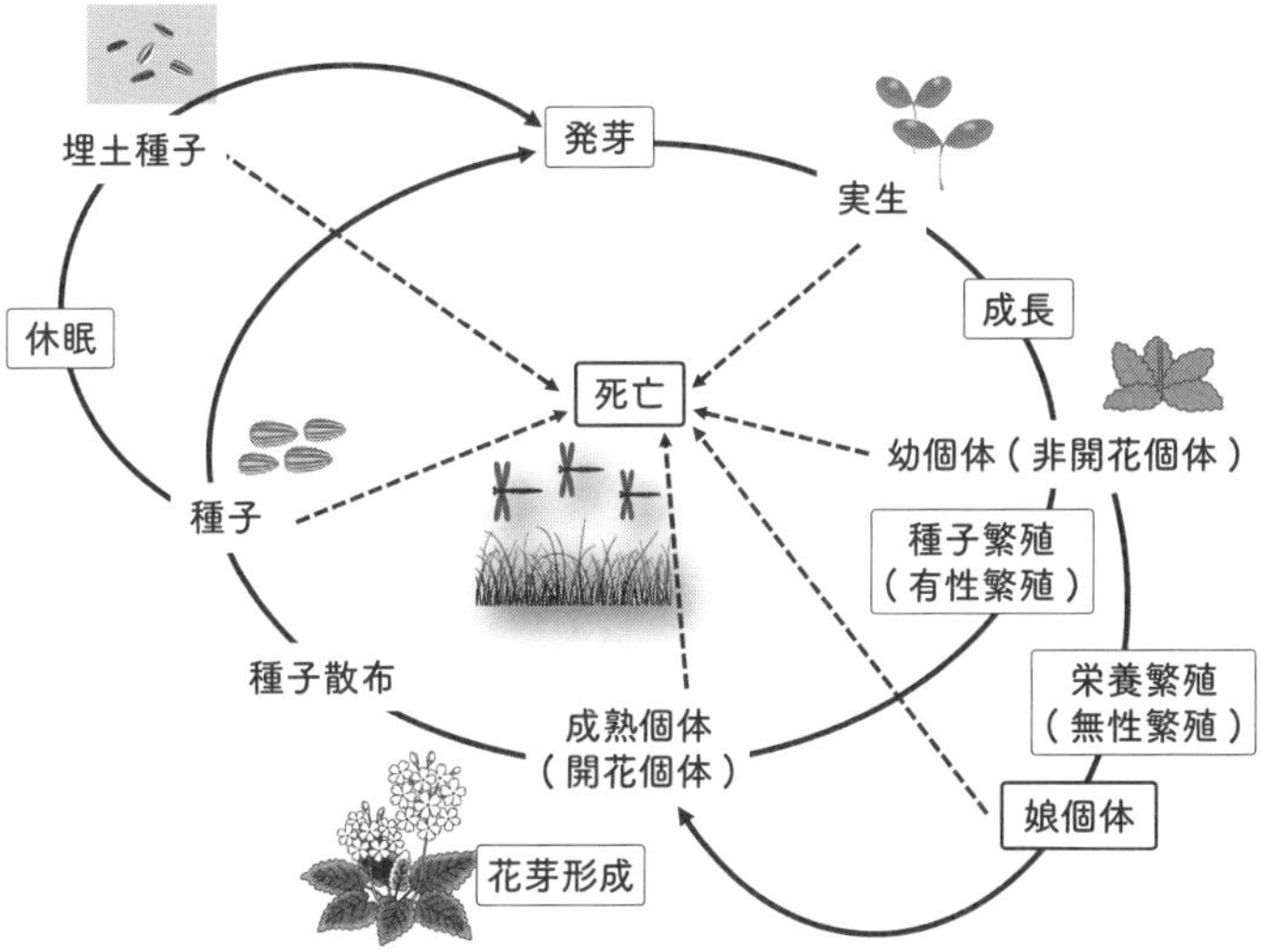

図 12　種子植物の生活史。栄養繁殖を行わない種では、娘個体へ行く線はない。ナガバノモウセンゴケは、娘個体を生産する（＊1）。エンレイソウの仲間は、翌年までは発芽せず埋土種子をつくり、発芽すると開花までに 10 年以上を要する。野山でのお花摘みは、このような植物には痛々しいまでの攪乱である。各ステージに新たな個体が加わることを加入（リクルートメント）という。

種子散布——植物が長距離移動できるのは種子の時だけ

植物は、発芽したら、そこから遠くへ移動できないので、種子散布は運命を決める段階である。種子散布は、大きく風散布、動物散布、自発散布、重力散布に分けられる。畑の植物のようにヒトによる種子散布が主体となれば「人新世（Anthropocene）」に対抗してか人為散布（anthropochore）という散布型を設けることもある。植物が、上手にヒトを利用して種子を分散させている間はよいのかもしれないが、動物相が人為により変化することで、動物散布種子の移動距離が短くなりつつある。[*2] こうなると、湿原なら、おいしいコケモモやハスカップの実が遠くに散布される機会が大きく減る。

そういえば、生態学では種《たね》のことを必ず「種子《シュシ》」と書く。これは「種《シュ》（species）」と混同するのを避けるためで、本書でも種子《シュシ》と種《シュ》で区別している。

ヤナギやドロノキのように綿毛やヤチハンノキのように翼をつけた種子、あるいは風で簡単に飛ぶ微小な種子が風散布種子である。動物散布は、コケモモの実のように動物に食べられて運ばれる内生動物散布と、タウコギなどのひっつき虫と呼ばれる鉤《かぎ》や棘を種子につけ皮膚や毛に付着して運ばれる外生動物散布に分けられる。湿原のスミレであるアギスミレなどは、自らの力で果実を割り種子を弾き飛ばす自発散布を行う。ただし、アギスミレを含め、スミレ類は、種子にエライオソームという甘い部分をつけ、それによりアリに運ばれる動物散布を自発散布後に行う。スミレ以外にも、複数の種子散布型を採用した種は、結構多い。「遍路」では、スミレは花束になったが、実際のスミレは派手な開放花と地味な閉鎖花をつくり、さらに複数の種子散布戦略をとっている。

湿原においては、水散布も重要である。湿原では、多くの種子が春先の融雪水などを活用し、その流れに沿って移動する。海洋では、地球上最大の種子でもあるヤシの実が、海流に乗って遥か彼方まで移動する。

埋土種子

種子は、散布直後に発芽するとは限らない。泥炭や土壌中で、発芽せず眠っていることがある。そのような種子を埋土種子《まいど》（図12）、埋土種子集団をシードバンクという。埋土種子は、光、温度、土壌水分などが大きく変化することで発芽が誘導される。したがって、火災や土砂崩れなどの攪乱が起こった後に発芽することが多い。シードバンクの種組成は、遷移初期の植生を決めるため、攪乱後の再生様式を予測する上で重要である。*3 シードバンクは、遷移初期には密度が高いが、遷移が進むにつれ種数は増える一方で密度が下がることが多い。*4

火災攪乱後を考えてみると、種子発芽にとっては、競争種が少ない、土壌中の病害菌が少ない、土壌栄養が豊富、被陰が弱い、などの利点がある。[*5] 森林火災の多い地中海性気候地域では、煙に燻されると発芽が誘導される「煙誘導種子発芽（smoke-induced seed germination）」と呼ばれる山火事適応型の種が数多く発見されている。[*6] 自然攪乱に対する植物の適応のよい一例である。日本でも、煙誘導種子発芽の性質を持つ種は認められるが、[*7] まだまだ詳しい研究が必要である。

埋土種子を応用した生態系復元研究は多い。森林火災の多い西オーストラリアでは、ボーキサイト採掘地（ボーキサイトはアルミニウムの原料）において、人工火災を発生させ煙誘導発芽を行う種の発芽定着を促進させる試みがなされている。また、シードバンクを生態系復元に活用するために、米国ワシントンDCで開発の影響を受けた海岸近くの沼沢地においてシードバンクの構成種や密度などが調べられた。[*8] その結果、氾濫の影響を強く受ける地域では、シードバンクが攪乱を受けるため発達しづらく復元への応用が難しいことが示された。また、氾濫の起こりやすさや氾濫の強さは標高によって異なるため、標高に応じてシードバンクの活用方法を変えないと復元に応用できないことが示唆された。やはり、種子は環境に敏感である。

成長・死亡

発芽後の植物は、光合成により成長し、成長に失敗すれば枯死への道を進む（図12）。その成長には、光、CO_2、水とそこに溶けた栄養分、適当な温度と、さまざまな要因が関与する。サロベツ泥炭採掘跡地では、播種したいずれの種《シュ》でも、裸地で最も発芽率が低かった。しかし、ヌマガヤ実生は、裸地でもミカヅキグサの実生密度が高ければ、生存率は高くなった。[*9]これは、すでに実生段階で、ミカヅキグサにヌマガヤの定着促進効果があることを示している。先駆種であるミカヅキグサの定着促進効果は、おもに軽微な被陰によるもので、被陰の効果は水位により異なった。[*10]水位が低下する、すなわち、乾燥すると定着促進効果は弱くなる傾向があった。

環境に対する成長応答は種により異なる。エストニアの泥炭採掘地で、チャミズゴケ、ムラサキミズゴケ、ウスベニミズゴケという三種のミズゴケ類の成育を調べたところ、水位が二〇センチメートル以上であれば、いずれのミズゴケも成長できたが、チャミズゴケはより乾燥した泥炭上で成育できた。[*11]

植物の成長には、さまざまな栄養分が関与する。そのため、水に含まれる栄養分の測定は、湿原の現状を知るために重要な項目となる。栄養分としては、窒素やリンなどの植物の成長に必須な成分の量がよく測られる。栄養分の目安として、水に溶けたイオン量と電気電導率（electrical、Ｅｃ）に相関があるためＥｃを計ることが多い（単位はマイクロジーメンス／センチメートル〔μS/cm〕またはジーメンス／メートルが多い）。純水に近いほどイオンが少ないためＥｃの数値は小さくなり、逆にイオンが多ければ数値は大きくなる。したがって、Ｅｃが大きいほど富栄養という見方もできる。Ｅｃが約三五マイクロジーメンス／センチメートル以下だと栄養分が乏しく、ミズゴケが定着しやすい。一方、Ｅｃが高くなるにつれミズゴケの定着は減り、ヨシスゲ湿原となりやすい。ロールガイ湿原では、泥炭層が厚く高標高であるにもかかわらず、石灰岩に囲まれＥｃが高いために、ミズゴケではなくイネ、スゲに代表される多種の種子植物が見られた。

開花結実

花と実をつくる種子植物個体を成熟個体という。結実は植物が繁殖する上でのゴールでもある。この段階に達するまでに、ある植物は数週間を要し、ある植物は数十年を要する。植物は、周囲のさまざまな環境の影響を受け種間関係も変化しながら、この成育段階に達するので、その全過程で植物に蓄積された結果が開花結実となる。[*12]

開花に関しては、日本北部では、初夏でも発生する低温や霜の影響も無視できない。サロベツでは、初夏でも朝方まで風がなく暖かい空気との混ざり合いが起きず、天気がよく雲がなく空気が乾燥していると、放射冷却によって地面近くほど温度が低く霜が降りることもある。そうなると、まだ花茎が伸びきらずに短く地面に近いところにある花芽ほど、より低温と霜に晒される。サロベツ湿原の代表種であるエゾカンゾウは、この時期に霜が降りると霜害を受け花芽形成が不良となる。[*13] そうなると、その年の夏は、サロベツのお花畑の景色は、エゾカンゾウの乏しい、寂しいものになってしまう。

生活史（図12）は、植物ばかりでなく動物を知る上でも重要な性質である。釧路湿原では、日本ではこの地域のみに分布し環境省レッドリストでは絶滅危惧ⅠB類とされているキタサンショウウオが成育している。遺伝子解析から、キタサンショウウオは最終氷期に樺太を経由して北海道に渡ってきたと推定され（諸説あり）、北海道と大陸とのつながりを感じさせる。そのキタサンショウウオが定着し繁殖可能となるためには、やはり、生活史を知らねばならない。キタサンショウウオは、湿原だけがあれば存続可能かというと、そうではなく、産卵場所である水たまりが必要である。しかし、産卵後には草原や森林に移動し、冬になれば、倒木の中や下、地中、動物の巣穴などに潜り冬眠する。つまり、湿原生態系を含めた複数の生態系が成立していないと、キタサンショウウオをはじめとする水域と陸域を利用する動物の存続は難しい。

タイガ・ツンドラ・泥炭地

　バイオームとは、地球規模で、植物相・動物相・環境を同一と見なせる範囲に分布する生態系をいう。実際には、植物群集をもとに区分されることが多い。地球規模なので、バイオームを分ける環境としては、まず気候を考える。これを用いた生態系の区分をバイオーム型という。さまざまなバイオーム型区分が提案されているが、最も大まかな区分では、森林、草原、砂漠、ツンドラあたりだろうか。

　森林は、さらに気候帯に応じて、熱帯林、温帯林、冷帯林に分けられる。寒い地域を代表するバイオーム型といえば、タイガとツンドラであろう。アラスカでは、ツンドラとタイガの境目はブルックス山脈にあるが、山脈の北側に分布する広大なツンドラでは年間降水量が二五〇ミリメートルしかない。山脈の南側にあるタイガの中心であるフェアバンクスでは二八〇ミリメートル程度、シベリアのタイガでは幅はあるが均すと二〇〇ミリメートル程度ときわめて少なく、本来は、それぞれ草原（湿原）も森林もなかなか発達しない降水量の地域である。このような土地で、ツンドラやタイガが発達する理由には、低温のため蒸発量が極端に少ないことと、少ない水を有効に蓄えられる凍土の存在が要因として考えられている。[*14] 凍土の水は凍っているため植物は利用することができないが、凍った土壌は水を通さず、不透水層となっているため、その上部に植物が使えそうな水を有しているのだ。なお、地表面近くの、夏には融解し冬には凍結する部分を活動層というが、植物はその部分の水は利用でき、根をはじめとする地下組織は、この活動層に集中している。したがって、この活動層の深さや凍結融解の仕方などの特性が、植物の命運を決めることになる。そして、この活動層の部分に泥炭がおもに蓄積することになる。つまり、活動層が薄ければ泥炭蓄積は、それほどでもない。

コラム5　西オーストラリアにて（図13）

ボーキサイトは、アルミの原料であるだけあって、重たくて硬い。土壌表面近くに集積しているので、それを掻き集めるわけだが、硬くて鶴嘴《つるはし》程度では歯が立たない。そのため、硬い地面を発破で破砕してできた岩塊をゴジラのようなブルドーザーで回収する。発破をいつどこでしかけるのかは、事務所の入り口に、「今日の爆破予定」という地図で示してあるので、必ず、それを見てから採掘地に入っていく。発破の時間になるとサイレンが鳴る。最初に聞いた時は、北海道の酪農地帯でよく聞く、お昼の放送かと思ったが。

図 13　西オーストラリアで見た湿原。大陸中央部は砂漠気候で知られるが、西オーストラリアでは、海岸近くでは大きな湿原が見られることもある。**【上】**州都パースから海岸沿いに車で南に２時間進むとバンバリーに着く。そこで見られた小さいけれど立派なマングローブ林。2004 年２月９日。**【下】**パースから海岸沿いを北に４時間程度進むとクーロウに着く。そこで見られた湿原植生のゾーネーション（成帯構造）。遠くに見えるのが川。2003 年 10 月２日。ボーキサイト採掘地では、場所が特定できる写真の撮影は禁止なので風景写真がない。

ボーキサイト採掘地に入るには、ヘルメット、ゴーグル、安全長靴、安全ベストの装着が義務である。初めて採掘地に入る人は、半日ほど安全管理についての研修を受けなければならない。研修では、事故発生時の対応法とか、採掘地内の看板の意味などを一通り講義される。講義が終わって、緊急時マニュアルと手帳をもらって喜んでいたら、試験をするとのこと。これで八〇点以上を取らないと、採掘地に入ることはできないそうだ。それは無理でしょう。試験官が、解答を見つつ、他のメンバーと離れないで行動すること、という条件つきで許してくれた。泣ける。

西オーストラリアでも森林火災が大発生中であった。インドネシアの熱帯泥炭地でも、エルニーニョ現象に伴う旱魃《かんばつ》により、森林火災と泥炭火災が増えた。大規模火災はヘイズ（煙霧）を引き起こし、呼吸器障害や視程低下による経済損失を発生させ、社会問題となった。カリマンタンでの調査では、道端にテントを張って過ごしていたが、夜な夜な、火災で樹木が倒れる音が聞こえ、十分に火災を堪能できた。アラスカを含め、なぜか海外調査では森林火災がついてまわる。なお、西オーストラリアに野生のコアラはいない。

種間競争と定着促進効果

競争は、同種内で同じ資源を奪い合う種内競争と多種間で資源を奪い合う種間競争からなる。いずれの競争でも、いずれかが勝者となり残りのいずれかが敗者となる厳しい世界である。植物では同時に二種類の競争を行っているのが特徴である。一つは光資源を巡る地上部競争、もう一つは水と栄養資源を巡る地下部競争である。植物では、この両方の資源の奪い合いを同時に行い、それらの結果として種間関係が決まる。この二つの競争の結果は、相加的に効く場合と相乗的に効く場合がある。たとえば、競争がない時には、成長や生存が一〇できるとする。地上部競争で二減り、地下部競争で三減ると、全体に及ぼされる競争の影響は相加的に二＋三で五となる場合と、相乗的に二×三で六となる場合がある。つまり、地上部だけを観察していても、植物全体としての種間関係はわからない。

一方、種間競争とは逆の種間関係も存在する。ある種がいることによって他の種の定着が良好となる定着促進（ファシリテーション）である。定着促進効果は、ストレスの高い生息地や、攪乱地でよく見られる。このような場所では、生活はギリギリで、競争している余裕はなく、むしろ多少の損はあっても一緒に協力した方が生存に有利になる、という種間関係が築かれる。したがって、環境が好転すれば、同じ二種の間であっても、種間関係は定着促進から競争に変化することがある。

湿原に限らず、定着促進を応用したさまざまな生態系復元が試みられている。スペイン・シエラネバダ山脈で森林再生を目的に、常緑針葉樹であるオウシュウクロマツとオウシュウアカマツの植林を行ったが、移植されたマツの生存率は低かった。そこで、サルビアの一種（*Salvia oxyodon*）の低木を定着させ、その後にサルビアの近くに、これらの針葉樹を植えると、針葉樹の生存率が高くなった。[*15] セントヘレンズ山の軽石平原では、マメ科のハウチワマメの一種（*Lupinus lepidus*）がパッチを形成している。[*16] このハウチワマメの寿命が五年以下であることは、ワシントン大学で当時は院生だった故ウッド・デービッド（カリフォルニア州立大学）が一〇〇〇個体以上のハウチワマメ実生に印をつけ、毎年、丹念に測定を行い五年後にすべて死亡したことで確認された。ハウチワマメは、生存時には他種に対し侵入や成育を阻害する負の影響を及ぼしていた。しかし、ハウチワマメが死亡すると、そのリターは分解が速く窒素分も豊富なため、ハウチワマメの生えていた場所に他種の侵入と成育が促進された。特に、マメ科植物は、根における根粒菌の共生により高い窒素固定能を示すため、貧栄養であるテフラ中の栄養は大きく改善されており、侵入した植物の成長が速かった。これらのことは、ハウチワマメ侵入定着直後という短期的視点では、ハウチワマメは生態系の発達を遅延させる負の効果が見えるが、五年という寿命を待てば正の効果に転ずることを示している。

食物網

食物網または食物連鎖とは、生態系における植物を含めた「食う－食われる」の関係を表すことで、生態系の安定性や復元性を判断する目安ともなる（図14）。食物網の最上位には、「鷹の歌」に登場する猛禽類（ワシやタカの仲間）、そして「うそつきが好きよ」に登場する（牙の折れた手負い）熊が位置づけられることが多い。いずれも、肉食または雑食であり食物網の頂点に立っている。

さまざまな生物が定着すれば、食物網も複雑化する。仮説ではあるが、網目が複雑ならば、網の一部が切れてもまだ破けて壊れることはなく、なんとか機能不全に陥らないため、生態系の安定性が増す。[*18] 多様な生態系をつくることは生態系の健全性を高めることにもつながるのだ。柵も壁も見えなくなった「真夜中の動物園」であっても、種間関係は見られず食物網をつくるのは難しいが、ビオトープなどには応用できる。種数を高めるには、後出のＩＤＨ（中規模攪乱仮説）も忘れてはならない。

「鶺鴒《せきれい》」「あほう鳥」「かもめはかもめ」「すずめ」などに登場する鳥類は、食物網の中で異なる位置を占めている。セキレイは、おもに湿原を含む水辺に生息し、水辺の昆虫などを餌とする。ちなみに、「セキレイ」はセキレイと名のつく鳥類の総称であって、単にセキレイという

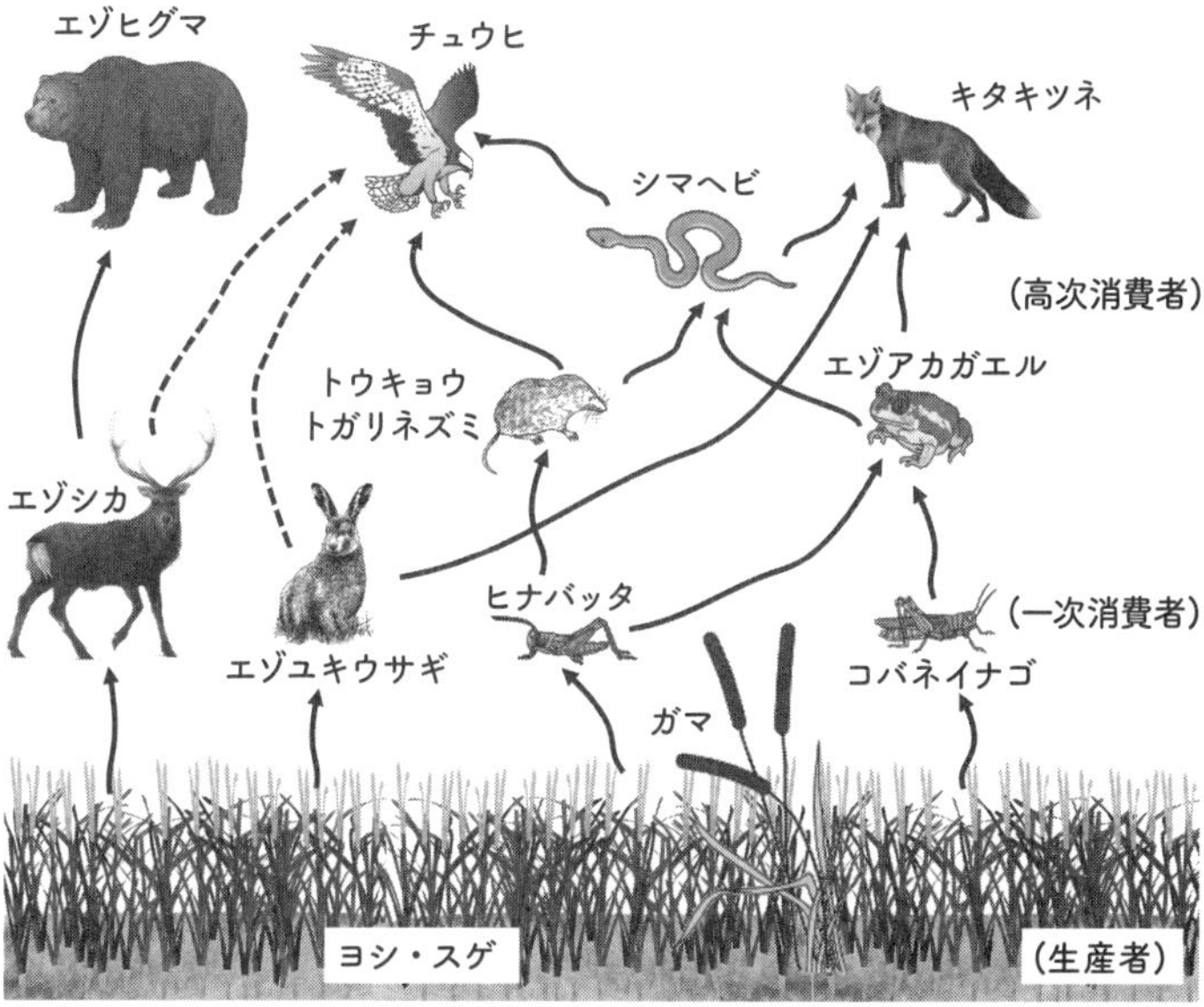

図 14 北海道の湿原における、かなり単純化された食物網。この図には、札幌市・豊平川で展開された「カムバックサーモン運動」や『帰ってくるなサーモン』（＊17）で議論の的となったサケがいないが、この図のどこに入るか考えてみよう。チュウヒは、ヨシ原で繁殖する唯一の猛禽類で、おもにネズミや小型鳥類を捕食するが、腐肉（破線）や川魚を食べたり、トガリネズミや昆虫を捕ったりすることもある。この図でエゾのつく種は本州では見られない。草地性の湿原では、上位捕食者が最上位種となることが多い。栄養段階を右端に示している。

名の種はいない。サロベツ湿原で見られるセキレイはツメナガセキレイ一種だが繁殖地となっており初夏には数多く見ることができる。道内の湿原では「白鳥の歌が聴こえる」こともある。ハクチョウも、ハクチョウという名の種がいるわけではなくハクチョウ属に属する水鳥の総称である。ハクチョウは、昆虫などを食べることもあるが、基本的には草食性である。カモメは、セキレイ、ハクチョウと異なり、「カモメ」という種がいる。しかし、一般にカモメというとカモメ科の仲間全体を指すことがある。いずれにせよ、肉食的である。スズメは、究極の雑食性で、穀類も食べれば昆虫も食べる。

鍵種と傘種

その生態系を維持するのに鍵となる種をキーストーン種（鍵種）といい、その種が生態系から消えてしまうと、その生態系の構造が維持できなくなるほど大きく変化してしまうような種を指す。食物網から見ると、最上位種がそれに相当することが多い。北極海沿岸では、ホッキョクグマ（シロクマ）が最上位種でありキーストーン種である。ホッキョクグマが絶滅することは、アラスカの生態系の崩壊も意味しているため、ホッキョクグマの保全は喫緊の課題である。

アンブレラ種（傘種）という概念もある。これは、生態学というよりは保全政策の立場から提案されたもので、その地域で最も優占する種を保全すれば、結果的に、そこに生息する多くの種を保全できるので、そのような種を見つけ保全するための概念用語である。ミズゴケ湿原のアンブレラ種は、もちろんミズゴケであり、泥炭採掘地などのミズゴケが衰退したミズゴケ湿原では、ミズゴケの再生が第一となる。[*19] 北海道では、高さ三メートルのチシマザサ（ネマガリダケ）に遭遇すると、どこをどう歩けばいいのかわからないほど隙間なく生えたササ藪地獄を目の前にして、この世の終わりに着いたような気になるが、ササ類はアンブレラ種にできるかもしれない。

環境影響評価において、注目種は、生態系の安定性、健全性、適応性の評価を目的に選ばれた種で、食物網中の上位性、生態系の特徴を捉えられる典型性、環境指標となる特殊性を総合し決定される。[*20] したがって、食物網の上位種でありキーストーン種でありアンブレラ種を選定できることが理想だが、現実では、そういうことはまずないため、評価の審議の度に議論となる。多くの人が納得できる注目種の選定方法の確立が必要となろう。

湿原における注目種として、キツネ、クマ、猛禽類などが選ばれることが多い。北海道には、今は絶滅してしまったが、おもにエゾシカを捕食していた「狼になりたい」に登場するオオカミの亜種であるエゾオオカミがいた。これが現存していれば上位種であり注目種になっただろう。エゾオオカミ絶滅後の北海道ではエゾシカが爆発的に増加し農業被害が顕在化したため、オオカミ再導入によりエゾシカの個体数調整をしようとする話もあるが、それは危険な賭けである。

第5章 湿原の復元

「保全から復元」への考え方を確認

生態系復元には、まず、生態系劣化や生息地消失の原因となる攪乱とストレスの特定が必要である。湿原などでは、微量の化学物質の変化や複数の物質の相互作用がストレスとなることがあり、ストレス発生源を特定できなかったり間違えたりすることが多々あるので注意が必要である。

ついで、生物学的侵入種の定着を抑制する必要がある。エゾミソハギは、サロベツ湿原泥炭採掘跡地では秋を感じさせる時期に一面に真っ青な花を咲かせる。しかし、北米ではエゾミソハギを選択的に捕食するハムシの仲間の昆虫がいないことが一要因となり、いくつかの湿原で大繁茂してしまった。そのため、エゾミソハギを防除するために、このハムシの導入を図ったり、種子をつくりづらい稔性の低い種内雑種をつくったり、という試みがなされている。[*1]

消滅してしまった植物を再生させるためには、他所から持ってきた植物を植えるのは一つの方法かもしれない。この際には、同じ種なら、どこから移植してもよいというわけではなく、遺伝的構造がその土地本来のものなのかなどを検討してから実施すべきである。同様に、絶滅の危機を防ぐために、トキの繁殖で見られるような人工繁殖も状況次第では有効な方法となる。

攪乱維持型の湿性植生

生態系復元を行うには、その生態系発達を阻害する攪乱とストレスの特定は必須であるが、攪乱とストレスが生態系にとって必ずしも負の効果となるとは限らない。逆に、攪乱やストレスを除去すると、生態系がさらに劣化することもある。

石狩川支流の空知川にできた自然堤防では、六種のヤナギが氾濫に応じて定着場所を異にして定着している。ヤナギは、「空と君のあいだに」に歌われるポプラに似た柳絮《りゅうじょ》と呼ばれる綿毛に覆われた種子を生産し、風に乗り長距離散布できる。川沿いにはさまざまなヤナギ林が発達している。[*2] 特に、種子散布時期が最も早いエゾヤナギと最も遅いタチヤナギは定着域が重複していない。雪解け水による河川氾濫の影響が大きい春先に種子を散布するエゾヤナギは、水に浸されていない河畔の高いところにたどり着いた種子だけが発芽し定着できる。この時期に、川の近くは氾濫水に覆われ、種子はたどり着いても流されてしまう。時間の経過につれ、雪解け水が減り氾濫も小さくなり、川の水も徐々に減っていく。ヤナギ類の種子散布期間の終盤に種子散布するタチヤナギは、水が引き氾濫の治まった河の底部で発芽し定着する。発芽適地には、種子の寿命も関係していて、ヤナギ種子は短命で数週間しかない。仮にエゾヤナギの種子が、タチヤナギ種子が発芽中の川の底部にたどり着いても、種子が散布されてから数週間は経過していてすでに死んでいるため、そこが発芽適地であろうと発芽することはない。これらの結果、自然堤防の上の方にエゾヤナギ、下の方にタチヤナギ、という植生ゾーネーション（成帯構造）が形成され、これら二種が一緒に見られることはまれとなる。

このように、春先の河川氾濫という撹乱に維持されている生態系も存在する。これらのことは、撹乱依存型の植生があることを示している。撹乱やストレスを除去する際にも、これらの撹乱とストレスが生態系の構造と機能にどう関係しているかを明らかにしておく必要がある。この川の上流にダムなどをつくり、氾濫が抑制された場合、このヤナギ各種の分布定着パターンがどうなるのか想像してみよう。さらに、この河川の氾濫には、雪解け水が関係している。温暖化で山々に積もる雪が減ったら、これらのヤナギの種間関係はどうなるのだろう。

湿原の乾燥化――湿原の保全・復元の始まり

釧路湿原などで湿原への木本植物の侵入が問題となっている。原因は、お決まりのもので、大規模水路などを構築し水位を低下させたことや、周囲からの土砂流入にある。温暖化も、降水量や蒸発量の変化を介し、地域差は大きいが湿原の乾燥化を進ませれば、湿原減少の原因となる。[*3] ツンドラでも、気温の上昇によってリター・泥炭などが分解されて栄養分が増加すれば、カンバ類やハンノキ類などの低木が増加する。[*4] ドイツのミズゴケ湿原では、異常高温と乾燥のあった夏に、水位が大きく低下し泥炭の分解が速いことが示された。[*5] このように、湿原の植生変化は、直接の温度変化の影響に加え、温度変化に伴う泥炭分解速度の変化などの間接的影響も考慮せねばならない。いずれにしても、このまま異常気象が継続すれば、泥炭湿原が大きく変化することは疑いがない。凍土帯では、凍土の融解による水位の変化なども湿原の変化を進行させている。

「竹の歌」に歌われる地下に根を張るタケは北海道に自生はしていないが、それに似たササ（笹）類が、多くのミズゴケ湿原において侵入が著しい。これは、サロベツ湿原でも歌才湿原でも見られる。加えて、歌才湿原では、常緑低木であるハイイヌツゲの侵入も著しい。排水溝や道路建設による水位低下に伴う乾燥化が、これらの種の侵入のおもな要因と考えられている。

二〇二四年は北海道、特に道南部でクマイザサの一斉開花があり、歌才湿原でもかなりの開花が認められた。ササ類は、一斉開花一斉枯死の代表として知られるが、学生時代から今まで、これほどの一斉開花は見たことがない。今後、一斉枯死すれば湿原再生への展望も見えるかと思ったが、一斉開花跡を見ると、それなりに緑の葉が残っており、ササ枯死後の植生発達を知るには、長期観測が必要なようだ。

生物多様性

生物多様性は、生態系、種、遺伝子の三つのレベルで評価される。生態系多様性は、環境との相互作用の強さ、攪乱への安定性や弾力性を知る目安となる。また、生態系サービスの質と量を決める。種多様性は、群集生態学でよく使われる概念で、多様性というとこの多様性を意味することが多い。種多様性の保全は、ＨＩＰＰＯを意識するとよい。これは、動物のカバではなく、Habitat Loss, Invasive Species, Pollution, Human Population, and Overharvesting の頭字語で、生息地消失、外来種、汚染、人口、過剰開発を避けるべきとする考え方である。[*6] 遺伝子多様性は、個体群内での遺伝子の多様度で、個体の環境適応力、耐性、繁殖に関係する。

遺伝子多様性を知る手段として、環境ＤＮＡ（environmental DNA、ｅＤＮＡ）がある。この方法は、水や土壌などの環境からＤＮＡ断片を取り出し、その環境中の分類群や個体数を推定しようというものである。遺伝的多様性の評価も可能であり、さまざまな研究での活用が期待されている。キタサンショウウオにおいてもｅＤＮＡにより、これまで個体が確認されていなかった地域にも定着している可能性が高いことが示された。[*7]

緩衝帯（バッファーゾーン）

二つの生態系の間に成立する特徴的な生態系あるいは植物群集をエコトーンという。たとえば、森林と草原の間に発達した、森林でも草原でもない低木林ができれば、その低木林をエコトーンという。エコトーンでは、森林でも草原でもない生態系が発達するため、景観多様性とその機能を高める。

緩衝帯（バッファーゾーン）は、保全をしたい生態系に対する外部からの干渉を回避・緩和するために設けられた区域を指す（図15）。たとえば、ミズゴケ湿原と農地の間に小川を設け農地の影響を緩和する。小川がエコトーン的なヨシ原になり、農地の富栄養な水がある程度でも浄化されれば、ミズゴケの成育への影響も弱まる。したがって、エコトーンは、外部の影響を低減させる緩衝帯としての機能もある。日本では、多くの湿原で、その内部まで開発が進められてきたため緩衝帯は発達していない。

外来種は、帰化種、非在来種とも呼ばれるが、ヒトが意識をする、しないにかかわらず、本来の分布域の外側で繁殖している生物を指す。帰化生物が植物の場合には、帰化植物と呼ぶ。しかし、本来の分布域とはどうやって決めているのだろう。日本のような島国では、海を境とすれば明瞭な境界をつくれるが、大陸では、そうはいかない。ワシントン大学植物学科にいた時に、カスケード山脈より東にいた植物が西で見られたら、それは帰化植物か、という議論をしていた。結論を聞き逃したように思うが、どうなのだろう。緩衝帯は、外来種の侵入を防ぐ上でも、完全ということはないが効果が見られる。

回廊（コリドー）

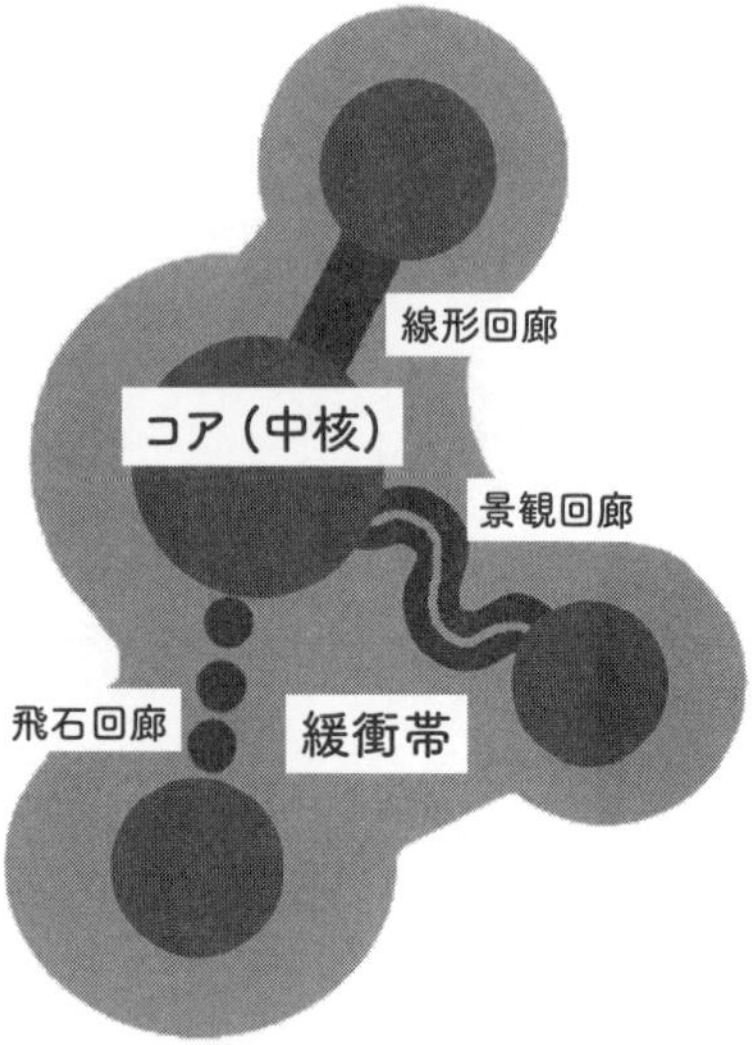

図 15　生態系保全の一形態。濃い黒丸が本丸の保全地域。灰色の部分が保全地域周辺に設けた緩衝帯。各保全区域は、回廊で結ばれると多様性は上昇する。回廊には、飛石、線形、景観などの形態が提案されている。

回廊（コリドー）は、島の生物地理学から導かれた手法で、島状に分布する複数の生態系を結んで動植物の移動性を高め、絶滅の回避を目的に設けられる（図15）。たとえば、農地開発で大きな池が複数に分断されたとする。その場合、その池と池を小川などでつないであげると、魚や水散布種子は移動しやすくなる。回廊自体が、動植物の成育地となることもある。回廊には、飛石回廊、線形回廊、景観回廊とさまざまなものがあり、いずれを採用するかには議論の余地がある。

分断された生態系においては、生物の移動性を大きく高める回廊は特に重要で、水散布種子では水路を回廊として設けたところ一〇〇メートルから一〇〇〇メートル移動できることがわかった。[*8] ただし、回廊は外来種の侵入経路となることもあるので、注意深いモニタリングが欠かせない。

地形的多様性——谷地坊主《やちぼうず》って何？

種多様性を高める要因の一つとして、同じ面積であれば均一な環境よりも多様な環境の方がより多くの種が見られるという、地形的多様性－種多様性仮説がある。たとえば、一平方キロメートルがすべて平坦地なところよりも凸凹がある方がさまざまな種が定着できる。ただし、各種が必要とする最小面積も忘れてはいけない。

湿原では、ホロムイスゲやワタスゲなどの植物体からなる谷地坊主（野地坊主）という隆起が見られることがある（図16）。谷地坊主に定着している他種との関係を見ると、谷地坊主の頂部では他種の定着は阻害されていたが、谷地坊主の基部あるいは側部では多くの実生の定着が促進されており、全体で見るならば谷地坊主には定着促進効果が認められた[*9]。

谷地坊主の定着促進効果は、常に認められるわけではなく、その強さは年や季節により変化している。サロベツ泥炭採掘跡地は、大規模人為攪乱を受けたにもかかわらず、帰化植物が少ないことが特徴の一つと言えるが[*10]、谷地坊主の頂部には帰化植物であるブタナが見られる。谷地坊主が見られる地域の水位は、季節変動も年変動も大きく、水位の低い時期は泥炭表面がカラカラに乾燥する。初夏までに降水が少なく、水位が低くなる場合には、それまでに発芽した実生は、強い乾燥のために枯死してしまい谷地坊主の定着促進効果は消失する。逆に言えば、初夏より後の季節に発芽する種であれば、生存できる可能性がある。初夏まで発芽しない種はブタナのみで、初夏までに乾燥が見られた年には、ブタナは他種と比べて実生が生き残ることが多かった[*11]。しかし、晩夏に乾燥が起こった年には、それまでに全種で発芽しており、実生は乾燥の影響を受け枯死し、全種に対して谷地坊主の定着促進効果が認められなかった。

谷地坊主の隆起構造は、流水や風による泥炭の移動を減らし土壌移動を緩和する。加えて、

図 16　サロベツ泥炭採掘跡地で谷地坊主が発達した地域。**【上】**谷地坊主構成種は、ホロムイスゲ、ワタスゲがほとんど（2015 年 5 月 24 日）。**【下】**ホロムイスゲの谷地坊主。周囲に見られる丸いプラスチックは、表面にグリスを塗り種子を捕らえるトラップ（2006 年 6 月 7 日）。

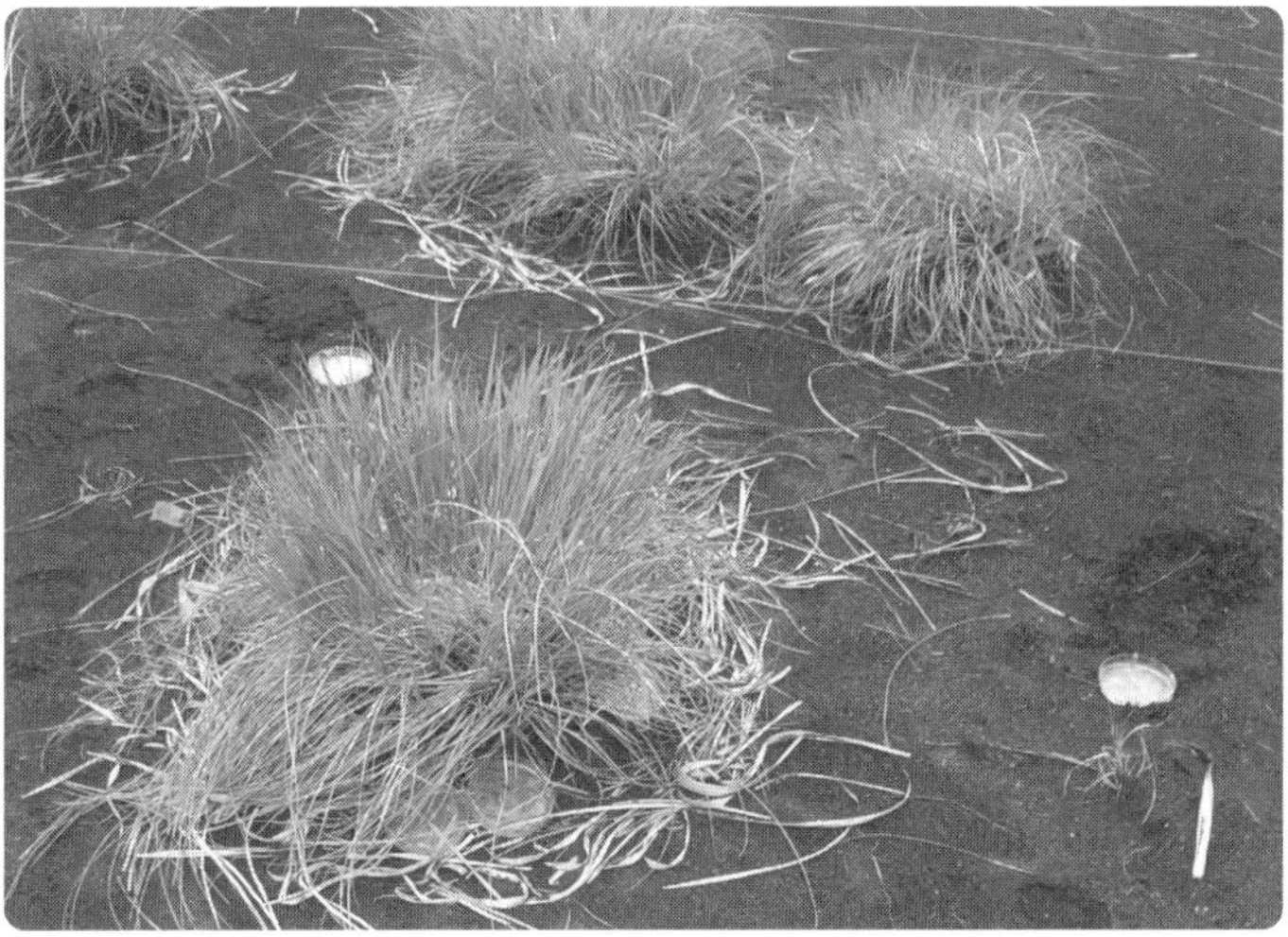

種子が谷地坊主の基部にトラップされ、多くの実生が発生した。[*12] 谷地坊主の葉からなるリターは、しばらくの間は谷地坊主本体についたままでいる。そのリターが、日陰をつくり、強光を緩和し、そのため地温変動を緩和し、実生の定着率が高くなった。このように、谷地坊主は、その隆起構造とリター形成という特性が異なる機能を発揮することで他種の定着を促進していた。ある現象を見る時には、谷地坊主を構造とリターというようにパーツに分解し、個々の特性を明らかにすることも必要となる。

押し出し効果——絶滅危惧種の保全

ミズゴケ湿原は、多くの希少植物・動物の生息の場としても貴重である。サロベツ湿原には、絶滅危惧種であるナガバノモウセンゴケ（以下ナガバと呼ぶ）が見られる。この種は、日本では、尾瀬・大雪・サロベツの三か所からしか報告されていない。ナガバは、泥炭採掘地の水たまりに、なまら、たくさん生えていた。この不思議の原因を明らかにするために、ある院生が立ち上がったのは二〇〇八年であった。種名がややこしくなるようにも思うが、サロベツにはもう一種類のモウセンゴケの仲間であるモウセンゴケも定着している。こちらは、ミズゴケ湿原であれば、結構、普通に生えている。北半球に広く分布し、アラスカでもクロトウヒ林のミズゴケに覆われた林床に生えていた。ただし、サロベツのものより小さく感じる。ナガバとモウセンゴケは種間雑種をつくるので、話がさらにややこしくなる。雑種は、親である二種の中間的な形質を示す。丸い葉のモウセンゴケと細長い葉のナガバの中間的な葉の形となるためサジバモウセンゴケ（サジバ）と呼ばれる。モウセンゴケの学名は、*Drosera rotundifolia* で、*rotundifolia* とは丸い葉（rounded leaf）という意味である。サジバが定着していると、現地での種同定が困難になる。その一方で、個体追跡では、採取は許されず現地で同定せねばならない。そこで、ナガバ、サジバ、モウセンゴケの三種を野外で同定する方法を、データに合わせモデルを容易に組み立てることができるため機械学習（マシンラーニング）や深層学習（ディープラーニング）にも応用されつつあるベイズ統計モデルを用いてつくった。[*13]

ついで、個体識別を行い種子生産量や栄養繁殖体（娘個体数）を数えると、モウセンゴケと比べてナガバは種子生産が少なく、その代わりに娘個体（97ページ図12）をつくるという栄養繁殖を行うことで、その場所で個体群を維持していた。[*14] モウセンゴケとナガバの種子を播いて実験をすると、ナガバもモウセンゴケも周囲に競争相手がいなければ成長がよいが、表面をミズゴケに覆われたところやヌマガヤが被陰しているところで、特にナガバの成長が遅くなった。[*15]どうやら、ナガバはミズゴケやヌマガヤとの競争によって、成育適地から成長や繁殖には適してはいないが他種の定着が見られない水たまりに押し出され、そこで細々と個体群を維持して

図 17　絶滅危惧種ナガバの調査。ナガバは、水たまりの周囲によく生えているのでウェーダー（胴長）を装備している（2008 年 6 月 20 日）。より深いところでは、救命胴衣着用でボートに乗ったり、ウェットスーツをつけたりして調査する。

いるようである（図17）。言葉としては、押し出し効果と呼びたい。また、異質な環境の存在が群集多様性を高めるという環境異質性仮説を支持している。つまり、採掘地の復元に際しては、一面ミズゴケの湿原になれば成功というわけではない。

ミズゴケ湿原の植物は過湿・貧栄養という過酷な条件のもとに成育しているが、そこに棲む植物にとってはよいこともある。貧栄養な土地で成育できる植物は限られているため種間競争は弱く、被陰も強くならないため成育に適した光が注ぐ。そのため、ナガバは押し出されても、それに甘んじて細々と個体群を維持しているようである。

復元の実践

採掘のような大規模攪乱後の生態系復元は可能なのだろうか。西オーストラリアで、ジュース缶の原料となるボーキサイトを採掘した跡地の復元研究を見た。アルミニウム（Ａｌ）の豊富な土壌であったところから、ＡｌをヒトTが頂いたわけで、残った土壌にはＡｌが本来の土壌よりも遥かに少ないところで生態系復元を行わなければならない。もともと、高Ａｌ土壌適応型の植物が生えていたところをＡｌの少ない土壌にした後の復元ということになる。そうなれば、高Ａｌ土壌適応型の植物が定着するのは、絶望的ではなかろうか。

世界各地のミズゴケ湿原における生態系復元を整理すると、傾向としてだが人が手を入れずに自然の再生を待つ受動的な復元では、裸地のまま停滞することもある。何らかの積極的なヒトの介入がある方が数十年の時間はかかるが成功例が多かった。[*16] このことは、湿原復元技術の確立が必要性を増していることを示している。

ただし、短期間で復元の成功の可否を判断することは、その後の遷移が攪乱前のものに向かうとは限らず危険であり、結論を得るには長期観測が必要である。[*17] 時間の経過とともに、継続調査数が減るのは当然だが、長期観測の重要性は、ますます高まる。遷移関係の論文の多くは、「さらなる長期観測が必要である」という超あたり前の文章で終わるのが現状でもある。長期データの散逸を防ぐためにも、国際的なデータベース化が必要であろう。また、多くの長期観測が、保全・復元計画の変更などにより研究の焦点がずれ、長期観測本来の価値を減じていることが多いのも問題である。[*18]

湿原における短期的な復元手法としては、排水溝を閉じる、堤防をつくる、水の汲み上げなどによる水位と泥炭水分の調整、微地形改変、被陰、リターマルチ、定着促進効果の応用、緩衝帯による土地利用制限などが試みられている。[*19] これらのうち、被陰、定着促進効果、緩衝帯は、種間相互作用を利用するもので、それ以外はすべて湿原の水位を操作し本来の湿原を復元しようというものである。

東カナダのブロック採取による採掘地では、周囲に設けられた排水溝の影響で水位が低下したが、排水溝に泥炭を埋めて閉じるとミズゴケの定着に適する数センチメートルの水位上昇が認められている。[*20] もちろん、複数の復元手法を組み合わせ実施されることもある。

ニュージーランドの泥炭採掘地とオーストラリアの泥炭火災地においては、排水溝遮断などにより水位を上昇させると、植被については攪乱前の植生に近い回復が認められた。[*21] これらのことは、湿原の復元には水位が重要であることを示している。しかし、水位は、湿原全域での復元の鍵ではあるが、採掘地と火災地では分解や燃焼によって泥炭が本来の湿原よりも少なくなっているため、泥炭地とは異なる種の定着が見られるなどの問題が残された。この排水溝遮断による復元においても、泥炭の質と量が本来の泥炭湿原に近づくまでには長い時間がかかるため、生態系の構造と機能の再生を短期間に行うのは困難あるいは不可能と結論された。カナダにおいて泥炭採掘地再生のために湿原の別のところから植生の移植を行うと、その成功は移植実行者の腕に依存する部分が大きかった。[*22] さらに、これらの復元手法を、そのまま日本に導入しても成功する保証はなく、実際に調べてみる必要もある。

コラム6　ある調査中の出来事（図18）

湿原の面積が減っていないところでも、たいていは劣化が著しく、残された湿原を劣化させせない工夫は必要である。さらに、現在残された湿原を保全するだけでは不十分であり、そのことが復元生態学研究の発達した理由の一つであろう。

日本の湿原植生研究では、定年なされたが北海道教育大学旭川校の教授であった橘ヒサ子さんの報告がピカ一である。日本生態学会北海道地区大会懇親会の時だったと思うが、「もっとしっかりしなさい」と激励されたのが耳に焼きついて離れない。残念なのは、橘さんのいろいろな豪傑話を先輩諸兄から聞かされたが、自分の目ではそ

図 18 【上】上サロベツから見た風力発電施設（風発）の列（2024 年 11 月 20 日）。4 本の風発が映っているが実際はもっとある。行く度に数が増えている気がするが、まだ増えるらしい。橘論文調査地追跡ツアーは、風発がなかったころに実施されたが、霧が濃くなった時は、トラックが走る影が見えたので、そちらに向かい、今では風発があるあたりまでひたすら歩いた。【下】原生自然環境保全地域である知床遠音別の調査の途中に見られた湿原（1984 年夏）。周囲はトドマツ、エゾマツなどの針葉樹に取り囲まれる。こういうところに、カメラとかを置き忘れると大変。エゾシカが水を飲みに来ていたり、尾根の向こうには黒い大きな何かがごそごそ動いていたりする。

れを目撃できなかったことである。

サロベツ湿原には、北側の上サロベツと南側の下サロベツと呼ばれる地域に、それぞれビジターセンターがある。この二つを間違えて、約束の時間に落ち合えなかったという話もあるので気をつけよう。上サロベツにあるのが、泥炭採掘跡地に接するように建てられた現在のサロベツ湿原センターである。採掘当時に使われた巨大な道具などが展示されているので、機会があればぜひご覧いただきたい。

下サロベツにある幌延ビジターセンターから出た木道のところには、シカ道がたくさん認められるが、その中の一つはヒトがつくったものである。橘さんの論文を思い出し、この辺で調べたのだろうかと、今では調査には許可が必要だが、当時は問題なかったので、湿原の中をなんとなく歩いてみた。そのうち、霧が濃くなって自分の進む方向がわからなくなった。車の走る影が見えたので、そちらに向かってひたすら歩く。日没ギリギリになんとか道路まで行けた。忘れ物話を再びだが、カメラと野帳は大事です。決して、湿原の真ん中あたりに置き忘れてはいけません。

第6章 日本の湿原（サロベツ湿原泥炭採掘跡地）

サロベツ湿原とは

北海道の観光案内を兼ねるが、北海道の重要湿原の地図を見てみよう（図19）。地図中で、北の外れにあるのがサロベツ湿原（北緯四五度〇六分、東経一四一度四二分）である。地図に示せる程度にまとまった面積のある湿原としてはほぼ最北と言ってよいと思う。札幌からサロベツに向かうと、途中で「日本最北の〇〇」という看板が目に入るようになる。〇〇には、「湿原、原野、国立公園」などが入る。少し足を延ばせば、最北と名のつくものだらけの稚内《わっかない》である。

サロベツ湿原は、北、東、南側を天塩《てしお》山地に囲まれ、西側は日本海に接した標高一〇メートルにも満たない低地である。勾配が緩く標高が低いために水が集積しやすいことが湿原発達の要因の一つとなっている。採掘以前の一九六〇～一九七〇年頃、サロベツ湿原の面積は約一四六平方キロメートルあったが、排水路整備や泥炭採掘により、すでに湿原面積は減少しつつあった。湿原は、ヤチハンノキ林と低層湿原に囲まれ、高層湿原特有のお椀の蓋のような地形が発達している。[*1] 当時からチマキザサが高層湿原周辺部に広がっていた。

現在のサロベツ湿原が見られる地域は、五〇〇〇～六〇〇〇年前の温暖期には、現在より海水面が五～一〇メートルほど高くサロベツは水域となっていた。サロベツ湿原の泥炭層下位に

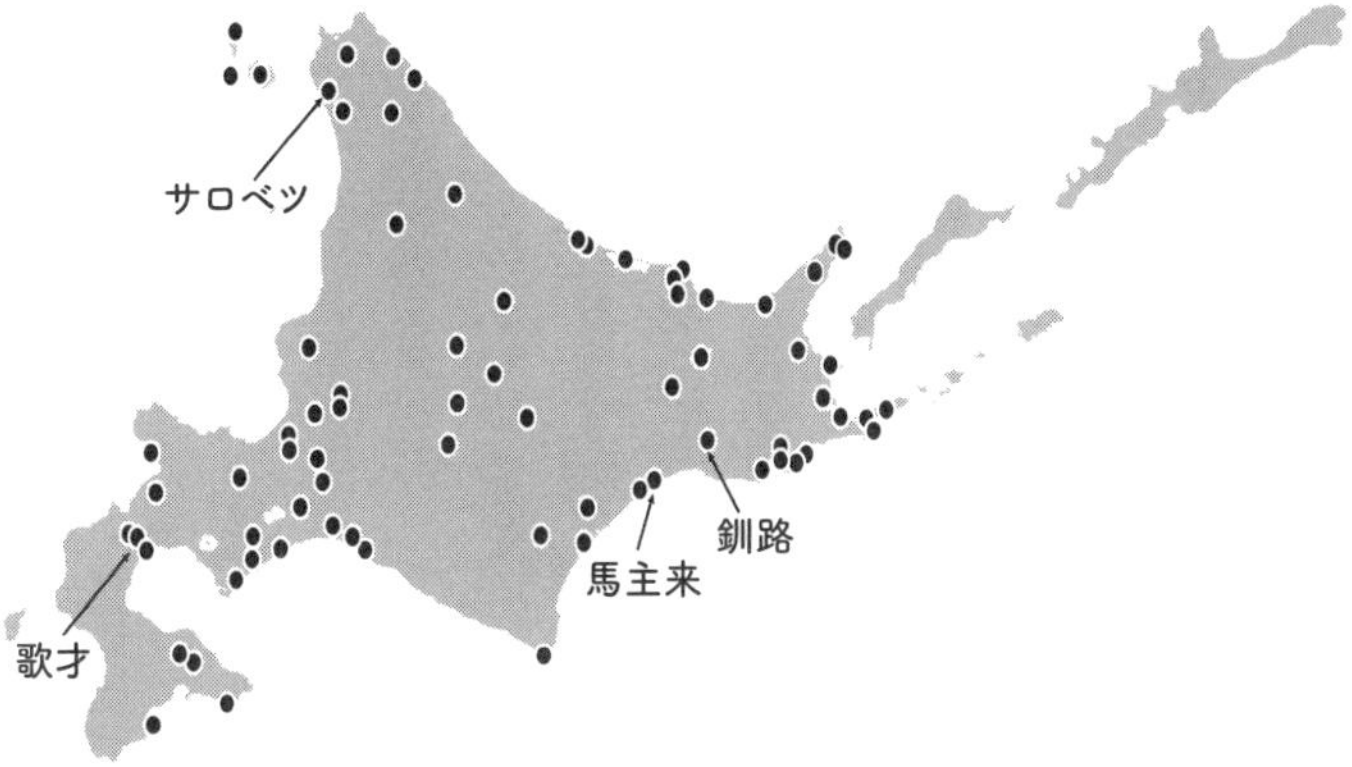

図19　北海道の重要湿地に指定された湿原（黒丸）。実に75か所が指定されている。北方四島にも樺太にも重要湿地級の湿原が多々あるのだが。

シジミが含まれるシルト－粘土層が見られることから汽水湖（古サロベツ湖）であったと考えられている。その後、古サロベツ湖に流入する古天塩川などからの土砂流入などにより陸化が進んだ。同時に、低地部に泥炭が堆積し、現在のサロベツ湿原のもととなる部分が誕生したと推定されている。[*2]したがって、サロベツ湿原における泥炭形成過程は、必ずしも低層、中層、高層泥炭の順番にはなっていない。

サロベツ湿原の歴史

サロベツの名前は、ヨシ原（サロ）を流れる川（ベツ）の意味と解することができる。このことからも、サロベツは、古くから湿原だったことがうかがい知れる。北海道の命名者である松浦武四郎が一八五七年に蝦夷地と呼ばれた北海道の天塩川一帯を調査した時の記録にあたる『天塩日誌』[*3]（一八六二）には、サロベツ湿原には直接は訪れていないのだが、天塩川河口から上流に向かって移動しつつ検分した自然やアイヌ文化の姿が記されている。サロベツ川は、サロベツ湿原の中を流れ天塩川河口の手前で天塩川と合流する。日誌にはヌカカ（糠蚊）が多くてやりきれないことや、ツルが夜中に絶え間なく鳴いていたことなどが記録されている。一六〇〇年前のサロベツ湿原を含めた天塩川流域の動植物の姿が生き生きと描かれている。

天塩周辺では、出土器などの様式から、一〇〇〇年前頃からアイヌの人たちが漁労生活を行っていたと考えられている。このころはまだ、ヒトの自然への影響は軽微であっただろう。やはり、本格的な泥炭湿原の開拓は、明治以降となる。サロベツ原野（湿原）開拓は、一八八九年に下サロベツ（幌延付近）に福井県から一五戸が入植したことに始まる。天塩線は一九三五年に全線が開通した。この間、一九一〇年には、北海道第一期拓殖計画が一五年計画で作成され、一九二一年に排水計画が立てられた。ついで、一九二七年から一九四六年まで第二期拓殖計画が作成され、大規模な排水工事が実施された。これらの成果は、賛否の分かれるところだが、戦後になると改めて、拓殖計画期に設けた排水路の能力向上と河川改修のため、大規模な明渠排水工事が行われた。一九五一〜一九五二年には、サロベツ川流域開発計画が作成され、サロベツ湿原および周辺では、大規模な流路改変・排水工事が行われた。一九六一年には、地下水位低下、原野乾燥による土地改良と、洪水氾濫防止を目的に、サロベツ直轄明渠排水事業が着工された。サロベツ川放水路完全開通は一九六六年、サロベツ川下流拡幅は一九六七年度に完了である。

というわけで、ご多分に漏れずサロベツ湿原減少のおもな原因は、土地改良（湿原の立場から見れば改悪）、つまり開発である。もっとも、湿原を減らすことを目的に計画は立てられたのだが。その後、よかったのは、これらの開発を科学的に評価しようということで、北海道開発局主導でサロベツ総合調査委員会が設置され、社会経済、気象、土、水、生物について一〇年間の追跡調査がなされたことである[*4]。

復元成果の評価

生態系復元は、単に、それらしい景観や生態系をつくれればよいというわけではない。最終的には、ヒトが介在することなしに維持できる生態系となることが肝要である。そのため、復元生態学、修復生態学またはレストレーションエコロジーと呼ばれる研究分野ができた。遷移機構とそれに関連する事象を明らかにすることは、それを応用し確実な生態系復元を行うための重要な研究となる。

しかし、復元や保全は、評論家のコメントと同じで、言うのは簡単だが実践となると具体的な問題が多々浮上する。ヨシ湿原を復元したと思ったら、そこは外来魚の住処《すみか》となってしまい、在来魚が大きく減少あるいは絶滅したという事例もある。これは、食物網、栄養段階、物質循環など（111ページ図14）を考慮せず、見かけ倒しのビオトープに満足してしまい、全体的な将来像設計を誤った結果である。

ミティゲーション（mitigation）は、訳せば影響の「緩和」となるが、片仮名にして使われることが増えている。人為干渉が生態系に与える影響を回避、最小化、修復、除去・軽減、代償などの方法により低減するものである。

ミズゴケ湿原が発達する北欧や北米でもミズゴケ泥炭が掘られているが、人々が大規模な復元を考えはじめたのは最近のことである。しかも、復元・保全の長期研究は、湿原全体を眺めてもきわめて少ない。一方、復元成果の評価には、長い時間が必要であるため、現状での保全・復元の評価には不確実なことが多い。湿原に限らないが、気づいた時には、もう遅いということはよくある。地球温暖化もその段階に来ているのかもしれない。温暖化の影響は湿原で顕著に表れることを、これまで見てきたが、「重き荷を負いて」では、「がんばってから……」というフレーズが六回繰り返されるが、その結果を見届けてみたいものだ。

長い時間軸ばかりでなく、広い空間軸も、復元の評価には必要である。巨視的レベルでは、衛星ランドサットなどのリモートセンシングデータの整理は進みつつあるが、現場で採取されたデータのデータベース化は遅れている。[*5] 衛星データと異なり、データ形式が統一されていない、種名に問題があるなど、さまざまな障壁があるため時間はかかるだろうが、いつか必ず作成されるだろう。

しかし、これらのデータが揃ったとしても、保全や復元を定量的に評価するには、誰でも同じ評価のできる基準が必要である。西オーストラリアのボーキサイト採掘地では、具体的数値目標を立て、復元の成否を数値化し評価している。まず、採掘地の七〇パーセント以上を復元対象とせねばならない。ついで、採掘前にフロラリスト（植物リスト）をつくり、採掘後にリストにある八〇パーセント以上の種を再定着させることが必要最低限の「可」とする目安となる。採掘前の優占種については、採掘前と同じ程度の優占度に戻さねばならない。日本の再生可能エネルギー（再エネ）関連の環境影響評価書では、「回避または低減は可能と判断できる」などと曖昧に記述されているが、その判断は誰がどのようにするのだろう。定性的な表現では、評価する人間によって異なる結果が導き出されてしまう。

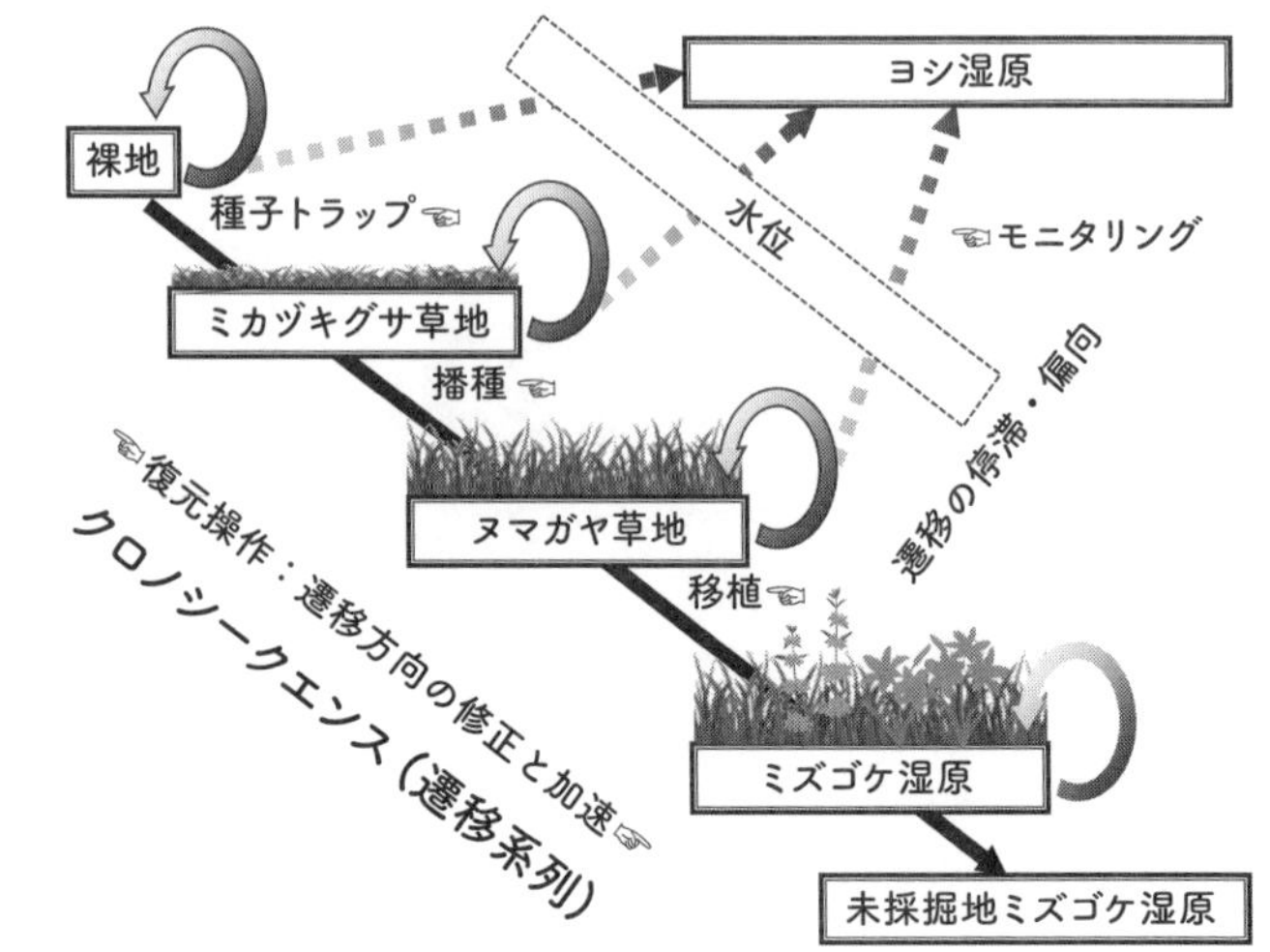

図20　サロベツ湿原泥炭採掘跡地におけるミズゴケ湿原再生実験の流れ。遷移系列はクロノシークエンスにより推定されたもの。それぞれの遷移段階に適した復元手法を用いることで、速やかな生態系復元が図れる。

サロベツ泥炭採掘跡地の遷移

復元事例として述べるために、まず、サロベツ湿原のミズゴケ泥炭採掘跡地における、泥炭採掘後の遷移と回復の特徴を整理しておこう（図20）。

泥炭採掘後の遷移は、順調であれば、開水面から始まり、数年かけて泥炭残渣が浮上し地表面を形成する。[*6] 次第に泥炭残渣が浮いてきて、裸地ではあるが地表面をつくる。その裸地に植物が侵入し、遷移が始まる。最初に侵入するのは、ほとんどの場所でミカヅキグサであり、ミカヅキグサ草地を形成する。その後、水位と水質の相違により、いくつかの植生に分化する。ミカヅキグサに続いて、ヌマガヤが侵入するのが、ミズゴケ回復に向かった遷移である。一方、ヨシが入ってくると遷移の方向が変わり、ミズゴケの定着は見られない。

調査により、ミズゴケが定着できるヌマガヤ草地と、定着できないヌマガヤ草地があることがわかった。採掘地と未採掘地では植生が異なり、採掘地でのミズゴケ衰退には、泥炭が攪拌を受け分解しやすいと窒素分が増えるため成育がよくなった種子植物との種間競争も関係している。さらに、ミズゴケは貧栄養なところに生え、富栄養化には弱い。ミズゴケは窒素が過剰だと極端に成育が遅くなり、枯死することもある。[*7] ミズゴケが減るのと同時に、広葉草本が減りイネ科草本が増えるという変化も認められる。見た目は同じヌマガヤ草地でも、その中身は相当異なるようであり、ヌマガヤ草地ができたらどこでもミズゴケが定着できるというわけではない。

なお、遷移の進行に伴いシードバンク中の種数は増加する傾向にあった。[*8] 特に、シードバンクと地上部植生の間の種構成は、遷移が進むにつれ不一致性が高くなった。遷移が進むにつれ蓄積された地上部に現れない種がシードバンク中に増えることが一つの要因であった。遷移が進むにつれてシードバンクが発達する要因として、泥炭上に形成されたリターが特に大型の種子の移動を抑制することが挙げられ、シードバンク発達にはリターが必要であることが示された。[*9] したがって、より自然に近いミズゴケ湿原の再生には、泥炭のもとともなるリターの発達も必要である。

しかし、採掘から三〇年以上経過した現在でも、裸地のままのところが随所に残っている。本来のミズゴケ湿原にはまず存在しない裸地をなんとかせねばならない。ついで、ヨシではなくヌマガヤ草地に遷移するような操作が必要である。最終的に、ヌマガヤ草地からミズゴケ植生に変化する鍵を見つけられれば、ミズゴケ湿原再生は展望が持てる。しかし、デンマークのミズゴケ泥炭採掘地の回復過程では、採掘から一七年を経過しても自然なミズゴケ湿原に比べて種数は少なく、また遷移が停滞したところでは、自然なままでは改善する兆候は認められないことが判明した。[*10] この要因として、水質が採掘により大きく変化したことと、種子移入制限があることが指摘された。できるかどうかわからない自然な再生を待つのも歯がゆいので、何らかの操作を行い、遷移を促進したいものである。

サロベツでもここまでは行けるかも

安価かつ迅速にヌマガヤ草地を形成できれば、広範かつ速やかなミズゴケ植生の再生が可能となることだけは言えそうだ。問題は、そこにいたる過程である。裸地が継続する原因は、ツルツルな裸地の表面だと種子が泥炭に活着できないことにあった。そこで、ミカヅキグサ草地に進行しない裸地に分解性ネットを敷設し、ミカヅキグサの種子を網目に捕まえ、種子を発芽させせたところ、無事にミカヅキグサ草地に移行した。いわゆる、人工種子トラップを裸地に敷設し、遷移初期種であるミカヅキグサの草地をつくることができたというわけだ。

ついで、ミカヅキグサ草地をヌマガヤ草地に遷移できればいいわけだが、これは意外と簡単であった。ミカヅキグサには、ヌマガヤの定着促進効果があるので、ヌマガヤがミカヅキグサ草地に侵入できないおもな理由は、ミカヅキグサ草地の発達の仕方によっては種子侵入のバリヤーとなり中にヌマガヤの種子が入れないことであった。そこで、ヌマガヤ草地に進行しないミカヅキグサ草地には、ヌマガヤ種子を播種するだけで、ヌマガヤの定着を促進できた。

次に、ヌマガヤ草地にミズゴケが侵入し定着してもらえれば、一応、ミズゴケ湿原の復元まではできるはずである。これには、ミズゴケの移植が有効であった。ただし、ミズゴケを、裸地やミカヅキグサ草地に移植しても活着しなかった。

したがって、ミズゴケ湿原再生には、裸地のミカヅキグサ草地化、ミカヅキグサ草地のヌマガヤ草地化、そして、ミズゴケ定着という段階を踏んだ遷移があり、それを短縮することでミズゴケ湿原の復元に近づくことができる。裸地から、いきなりミズゴケ植生へのジャンプはできなくても、時間を短縮した復元が行える。

世界各地のミズゴケ植生再生事業でも、裸地でのミズゴケ植生復元は、芳しい成果を得ていないが、少し我慢して、まず植被を再生させ、ついでミズゴケの再生を図るのが有効なようだ。[11]
しかし、ミズゴケが定着した場所でも多様性は未採掘地に比べて低く、まだまだ課題は残る。

動物も菌類も遷移する

草食動物の餌となる植物が定着すれば、それに合わせて、「野ウサギのように」などに出てくる草食動物が侵入してくる。サロベツ泥炭採掘跡地でも、今では、いたるところにエゾユキウサギの糞が落ちている。それなりに餌資源としての植物は回復しているようだ。道南の函館に近い渡島駒ケ岳《おしまこまがたけ》で採取したウサギの糞からは、一粒あたり一〇〇以上のシラタマノキの種子が発芽した。[12]そこで、サロベツ湿原でウサギの糞を回収して、同様の発芽実験をしたところ何も発芽しなかった。[13]ウサギの食性は、生息地によって大きく異なるようだ（サロベツ湿原のウサギは、いったい何を食べているのだろうか）。エゾシカやキタキツネも、結構、見られるようになった。

一つの生態系の中には、さまざまな生物間でのつながりがある。植物は、菌類とも動物ともつながっている。代表的なものは、根粒共生や菌根共生、動物種子散布などが挙げられる。そして、細菌類も遷移する。サロベツ湿原で、植生の遷移系列に沿って腸内細菌の分布をｅＤＮ

Aにより調べたところ、遷移の進行とともに腸内細菌も増えていた[*14]。つまり、腸内細菌を育てる動物の種数も遷移とともに増えているということだ。

攪乱と中規模攪乱仮説

攪乱を活用した生態系保全では、中規模攪乱仮説（intermediate disturbance hypothesis、IDH）が注目される。IDHとは、植物群集であれば、ほどほどの攪乱強度のところで種数あるいは多様性は最大になるという仮説である。攪乱が強ければ攪乱耐性の低い種は定着できないため多様性が下がり、また攪乱がまったくなくても攪乱に弱い植物がそこに侵入、定着できる一方でその中での競争は激しくなり、競争に弱い種が消えていくため多様性が下がる。よって、中程度の攪乱が起こっているところで多様性は最大となるということだ。

遷移とIDHは結びついていて、泥炭採掘地でも、採掘直後は攪乱が強いため、ほぼ裸地であり種数も少ない。時間の経過につれ、次第に安定した攪乱の弱い環境に変化していく。そして、そのタイミングでミカヅキグサがほどほどの植被をつくれれば、ヌマガヤの侵入が促進されると同時に種数も増す。しかし、ヌマガヤがほぼ泥炭の全面を覆うようになると他種のいくつかは被陰により排除されてしまうため種数は減少に転じる。

コラム7　日本（北海道）の湿原

日本の湿原といえば、釧路湿原あたりを連想する人が一番多いだろう。本州なら、尾瀬ヶ原だろうか。いずれも広大なミズゴケ植生が分布する。北海道における重要湿地（137ページ図19）は、多くがミズゴケ湿原である。

道東の十勝川温泉が、モール温泉を理由に二〇〇四年に北海道遺産に温泉としては初めて選定された。モールとは、ドイツ語のMoor、つまり泥炭湿原のことである。モール温泉は、モール浴に使用される泥炭と類似した成分が含まれた温泉である。サロベツでよく使わせていただいている豊富《とよとみ》温泉は、石油試掘中に温泉が噴出したのが始まりとのこと。自分が学生のころには、豊富温泉ふれあいの湯の湯船に浸かっているると、紅茶色のお湯の中にミズゴケの切れ端がプカプカと浮いていて、いかにもモール温泉だった。暖簾を潜ると独特のにおいがして、灯油温泉だのガソリン温泉だのと呼んでいた。実際に石油が出たらしく、温泉にはさまざまな成分が混ざっていたのだろう。湯の中の油分に含まれるタール成分はアトピーに効能があるそうだ。もっとも、油と言っても石油ではなく植物遺骸起源の油とのこと。今では、においも弱くなりミズゴケの量も減ったように感じる。気になって、先日、受付の方に聞いてみたら、井戸が二つあって、昔汲み上げていた井戸の方が、ずっと泉質が濃かったという。少し寂しい。

サロベツでの調査が早く終わり、時間潰しと言っては何だが、宗谷《そうや》岬に行った時に、珍しく樺太がきれいに見えた。本当に目の前に見える。道東の野付《のつけ》半島は、砂嘴独特の地形の上に形成されたトドワラ（立ち枯れしたトドマツ林）と塩湿地で知られる。この半島先端からは、北方四島の一つ、国後《くなしり》島が目の前に見える。北海道はもちろん日本の生態系を知るには、樺太と北方四島との比較研究は必須でもある[*15]。樺太中部はササの北限であり、また、択捉《えとろふ》島とウルップ島の間には有名なブラキストン線と同じ植物分布境界線である宮部線があり、トドマツ、エゾマツ、ミズナラなどの北限となっている。そこを調査する機会が訪れることを願わずにいられない。

第7章 湿原の過去・現在・未来

冷温帯域湿原における復元実験

採掘前の環境に戻すことで、多種の植物の復元を促進する試みが世界各地でなされている。エストニアでは、泥炭採掘地から採取した泥炭を用いてＮＰＫ（窒素・リン酸・カリウム）を含む複合肥料を作製し散布する実験が行われたが、種数に施肥の影響はなく泥炭の水分が植生回復にはより重要と結論されている。[*1] ただし、他の肥料を使用したら結果は違っていたかもしれないとの記述がある。

定着促進効果を応用したミズゴケ再生では、カナダのケベック州南部の採掘地におけるワタスゲの谷地坊主は、水位が高いほど成長がよかったが、ミズゴケの定着を促進しているとは言えなかった。[*2] したがって、ミズゴケ湿原再生のためには、谷地坊主に代わる、よりよい方法の開発が必要である。

泥炭や地形の操作によるミズゴケ再生の試みよりも、直接的に、採掘地にミズゴケを移植する復元実験は、冷温帯域のさまざまな地域の湿原で行われている。カナダの泥炭採掘地では、未採掘地のミズゴケ層部を切り取って採掘地に移植することで泥炭地の復元を目指し、そのマニュアルも作成されている。[*3] その方法をエストニアの泥炭採掘地で実行したところ、カナダの復元と同等の良好な結果が得られた。[*4] ただし、復元された植生の組成は、移植元の組成に大きく左右されるので注意が必要である。アイルランドとエストニアにおける実験では、移植するミズゴケの種類と移植ミズゴケの大きさが、水位にかかわらず移植後のミズゴケの定着を大きく左右した。[*5]

カナダ・ハドソン湾近くの低地で鉱業により劣化した湿原においてミズゴケ断片を広げて敷設すると三年後には地表面がミズゴケに覆われたが、冬季に敷設すると活着は悪かった。[*6]種播きに適期があるように、ミズゴケの移植にも適期があるようだ。しかし、サロベツ泥炭採掘跡地で春と秋にミズゴケの移植を行った実験では、ミズゴケの成長に移植時期の影響はなかった。カナダとサロベツで結果が異なる原因として、ミズゴケの種の違い、移植時期の違いなどが考えられるが詳しく調べる必要がある。

リターや泥炭の分解やメタンの生成が微生物により行われているため、湿原再生には微生物の役割も重要である。そこで、米国のミズゴケ湿原における泥炭採掘後に、ミズゴケ移植による復元実験下での微生物群集構造が調べられた。[*7]その結果、泥炭採掘跡地には複数の植生が発達しているが、植生間で微生物群集を比較すると植生ほどの相違は認められず共通する種が多かった。しかし、ミズゴケや低木の回復は微生物群集の構造に影響を与えていることも示された。たとえば、移植ミズゴケによって形成された泥炭は、本来の泥炭よりも分解速度が速かったが、これは移植ミズゴケの成育に伴いリター分解菌の住処となるリターの供給が増えたためと考えられる。しかし、この研究とは異なる報告もあり、ミズゴケ移植の成果はさまざまであるとしか言えないのが現状である。

保全・復元の評価ができないと未来はつくれない

保全や復元の事業は長期間を要するのが普通であるため、成否については慎重なモニタリングを実施した上で判断せねばならない。そのため、モニタリング手法としてＢＡＣＩデザイン（Before-After-Control-Impact design）による調査が注目されている（図21）。これまで、環境影響は事後調査のみでなされがちだったが、ＢＡＣＩは、環境改変の影響をより正確に見るためには事前に対照区を設け、その対照区と処理区（事業の影響のある区域）との比較により評価を行う。*8 この方法についても、調査箇所や点数などの改善すべき点は指摘されているが、事後調査のみよりは遥かに正確な影響評価ができる。泥炭採掘後の評価でも、採掘前の情報の取得がないと復元目標も立てづらい。

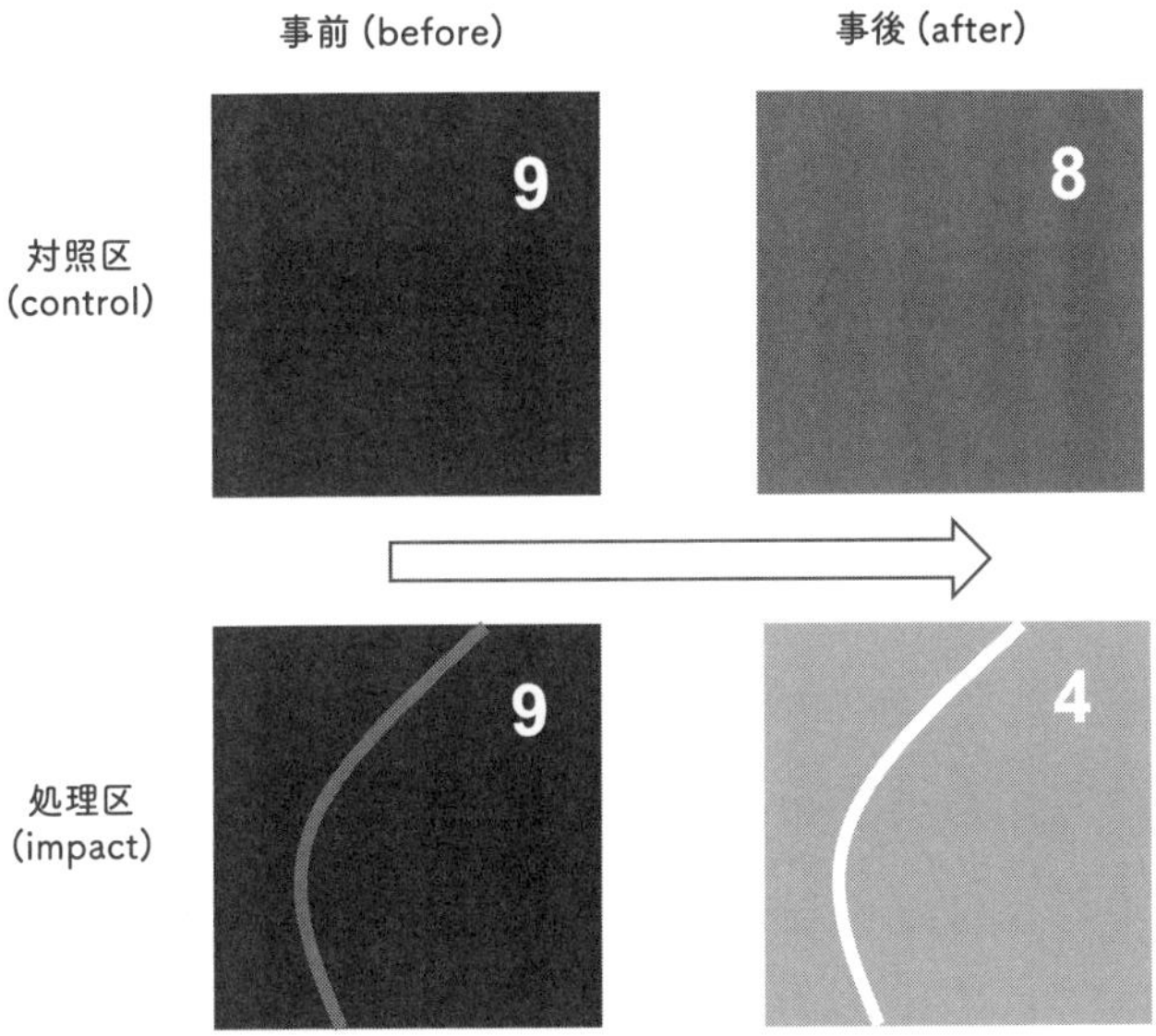

図 21 BACI デザイン調査。仮想的だが処理前（事前、before）には、対照区（control）と処理区（impact）で違いがないとする。事前には、ある湿原で対照区と処理区である測定項目が 9 だったとする。事前段階の処理区で排水溝がつくられる予定の部分は、灰色の線で示す。風発建設などのインパクト発生（事後、after）に伴ってつくられた排水溝は、白色の線で示す。事後に、処理区では、排水溝がつくられた後に 4 に変化し、対照区では 8 に変化した。すると、排水溝がなくても自然に 1 減少するが、さらに排水溝の影響で 4 にまで減少したことがわかる。5 減少したうち、1 が自然現象で残りの 4 が排水溝の影響と判断できる。

スケール依存性要因

保全・復元評価を行う際に留意すべきことの一つに、スケール依存性がある。スケール依存性とは、見ている大きさを変えるとさまざまな植物－環境関係の強さも一緒に変化する、という考え方である。[*9]

ある一種のコケの分布に関係する要因を、全球レベルから手のひらサイズまでスケールを変えながら考えてみよう。全球レベルでは、この種は北半球の温帯から冷帯のみに分布しているとする。この分布を決めている要因は何だろうか。現在の気候も重要なはずだが、北半球にのみ分布ということは、それにもまして大陸移動のような太古の履歴を調べる必要があるだろう。少しスケールを小さくして、北米に注目すると東海岸にしか分布していないとする。そうなると西に移動できない地形や気候要因で移動を妨げる障壁があるはずである。北米東海岸をさらに拡大して、流域レベルで、この種の分布を見てみよう。このスケールになると河川のネットワークが見えてくる。すると、このコケは河川の近くにしか出現していなかった。となれば、河川の何らかの要因、たとえば氾濫の範囲や土壌水分などが本種の分布に関係していることが予測できる。一本の河川で見てみるとこの種は淀みの近くにしか見られなかった。そうであれば、流速やそれに関与する地形が定着には重要ということになる。さらに拡大し、河川近くの朽木をよく見てみると、樹皮の厚い部分でしか見られなかった。そうなれば、樹皮の厚さが、この種の定着を決めていると考えられるだろう。ここまでで、いくつの重要な環境要因が抽出できただろうか。

このように、スケールを変えると定着に重要な要因も変化する。逆に言えば、スケールという概念を組み合わせれば、複数要因間の関係から種の分布を説明することが可能となる。自分が大学院生のころにある学会で二人の研究者が、AとBのどちらの要因がより重要かと大議論をしていたが、今思うに、どちらも正しいのではないだろうか。どちらに軍配があがったか記憶が定かではないのだが、スケール概念を導入すれば、小さなスケールではA、大きなスケールではBで説明できる、といった結論になったと思う。

地球レベルを含めた大スケールで植生を見るには、リモートセンシング（リモセン）が広く活用されている。衛星やドローン（Unmanned Aerial Vehicle、UAV）に搭載されたセンサーで地表面の情報を拾う技術である。リモセンは、人が現場に行くことなしに多様な情報を得ることができ、災害対策を含め、さまざまなスケールでの応用が試みられている。だからこそ、リモセン研究には、スケールの概念が必要となる。加えて、現場を知らないリモセン研究者も出てきている。一度でいいから湿原のど真ん中に立ってほしいものだ。そうすれば、フィールド研究者との成果のすり合わせもスムーズにできるようになるだろう。

スケール依存性は、植物－環境関係ばかりでなく、種間関係にも認められる。小さいスケールで見ると競争的に見える種間関係が、より広いスケールで見ると定着促進関係に見えてくることもある。[*10] 空間軸だけでなく時間軸にも、そのような関係が認められる。一緒に生えているある二種の植物は、春から夏にかけての成長期には土壌中の水分や栄養を奪い合う競争関係にあり成長が遅かった。ところが、夏を過ぎると、生い茂った葉の被陰効果で土壌水分の蒸発が抑制され、かつ、直射を避けることで強光による光合成阻害を避けることができ、お互いを助け合う定着促進関係になった。[*11] つまり、種間関係は、夏までの短い時間だけを見てしまうと競争的だが、より長い期間を見ると定着促進的となる。「時代」や「りばいばる」の歌詞中に見られるように、人間関係は時間の推移とともに変化することがあるが、植物も動物も同じなのだなと思わずにいられない。

自然との共存・共生

未来に向かってヒトと湿原とが共存・共生できる社会が理想であることは疑う余地がないが、実践となると、保全にしても復元にしても、試行錯誤が始まったばかりである。

グリーンインフラは、自然が持つ機能を活用して社会におけるさまざまな課題解決に役立てようとする取り組みで、日本では二〇一五年に閣議決定された国土形成計画に導入された。その内容は、「社会資本整備や土地利用等のハード・ソフト両面において、自然環境が有する多様な機能（生物の生息・生育の場の提供、良好な景観形成、気温上昇の抑制等）を活用し、持続可能で魅力ある国土づくりや地域づくりを進めるグリーンインフラに関する取組を推進する」とのことである。グリーンインフラを推進することで「国土の適切な管理」「安全・安心で持続可能な国土」「人口減少・高齢化等に対応した持続可能な地域社会の形成」への対応が提案されている。グリーンインフラ整備は、自然の損失に歯止めをかけ、自然との共生を重視した環境にとってプラス（ポジティブ）となるネイチャーポジティブ（自然再興）の実践にもつながる。*12

湿原を活用したグリーンインフラは、自然環境の持つ機能を生かし、環境改善や防災・減災力の向上を目指すものである。湿原を遊水池として保全・再生することで、平時には教育、文化、福祉などに活用しつつ、洪水時には流域治水機能を発揮し、洪水を緩和するなどの防災に役立たせられる。*13 この点では、湿原再生は、Ｅｃｏ－ＤＲＲにつながる部分もある。日本では、釧路湿原での成果がよく知られている。釧路湿原は、湿原の乾燥化や水質悪化が認められるが、水文調査（地下水や表層水の物理的な動き、たとえば移動量、蓄積量などを調べる調査）を実施し、それをもとに水辺林や緩衝帯設置、沈砂池や調整池の設置による土砂流入抑制などの湿原回復対策を行った。その結果、湿原は徐々に回復し、湿原由来の動植物も見られるようになった。さらに、遊水機能の回復による洪水リスク低減効果も認められている。[*14] 実際に、二〇一六年の北海道豪雨では、釧路湿原が水を吸収して川の水位上昇を抑制したことで、大被害を免れたと考えられている。

オランダは、国土の四分の一が海抜〇メートル以下であり、温暖化により洪水時に危機的な被害を受けるリスクが増大すると予測され、グリーンインフラでは先進的な取り組みを行っている。そのため、湿原を国のインフラ計画に取り入れた政策を立てている。その中でも、アウデ・ヴェーネン（Alde Feanen）湿原は、国立公園であることに加え、欧州連合加盟国の生物多様性維持を目的につくられた保護地域のネットワークであるNatura《ナチュラ》 2000の中でもグリーンインフラの実践地として注目されている。この湿原は、過去に泥炭が採掘され、開墾も行われ、さらには、牧畜もなされた歴史のあるヨシ湿原である。湿原内には過去に経済重視でつくられたさまざまな水路が存在しており、湿原の環境に影響を与えている。これを解決するために、まず、湿原生態系の復元力を調べ、それに合わせた水路網の使用法や制度の改善が検討されている。[*15]

再生可能エネルギー（再エネ）との両立

風力・太陽光発電所などの再エネ施設建設は全国各所で進み、ローカルかつグローバル、いわゆるグローカルな視点から検討せねばならない問題となってきている。再エネ施設建設が善となるとは限らず、自然と共存・共生でき、かつ、持続可能な社会を両立させる広域レベルでのバランスを検討する必要がある。再エネというと、無限のエネルギー確保という夢のような話に聞こえるが、「本当だろうか」と思ってしまうのは、現状では自然への配慮がなさすぎるのが理由だろう。スペイン北西部のミズゴケ湿原中に建設された風力発電所（風発）は、外来種の侵入を助長し、在来種の多様性を低下させていた。[*16] 自然とヒトとの共存は簡単ではない。

二〇二三年に釧路から西に三五キロメートルほど離れた馬主来《ぱしくる》湿原に近接する地域で三三〇ヘクタール規模の太陽光発電事業計画が浮上した。そもそも、馬主来湿原（馬主来沼）は環境省指定重要湿地である。ハンノキ林や水生植物群集が見られ、ミズゴケも六種ほど記録されている。[*17]「北海道の鳥」に指定されているタンチョウというツルの繁殖地でもあり、谷地坊主もたくさん見られる。その湿原の縁ギリギリにまでソーラーパネルを建てるというのだから、前代未聞である。緩衝帯の設置を考えるくらいは常識だと思うが、図面にそのような空間は見られない。北海道では、大規模な再エネ事業は、環境影響評価審議会で事業内容の環境影響についての審議を行う。[*18]なお、審議会のホームページでは、非公開を除く資料、開催結果、議事録などを見ることができる。その審議が始まる前の段階で、事業者は、試験施工と称し樹木伐採し作業道拡大、排水溝設置を行うために防霧保安林を伐採してしまった。明らかな森林法違反である。

再エネ事業が円滑に進むためには、事業者と住民との「相互理解」が重要である。そのためにも、インターネット上での計画の公開などは、本来は、必須ではなかろうか。事業者の対応がお粗末であればあるほど、住民のストレスと不快感は増す。この点は、欧州と米国において共通の結果が得られ、相互理解はいかなる地域の開発においても必須項目となるだろう。[*19]地域環境に配慮を欠いた再エネは、マイナスのエネルギーのはずである。このままでは、湿原は捨て石になってしまう。なんとかしなければいけない。

自然再生の最終兵器――ビオトープ

二〇〇三年に制定された自然再生推進法では、生物多様性の保全とは、単に自然を残すことではなく、自然を資源と捉え新たな生産の可能性を見出すことであると謳われている。現在、地球にいるヒトの使命は、子孫に残す自然、つまり資源を再生することである。これは、失われた景観を復元し次世代に伝えることでもある。そのキーワードが自然再生であり、生物多様性保全である。

自然再生手段として用いられるビオトープ（biotope）は、ドイツ語の“biotop”に由来し、“bio”「生物」と“tope”「場所または場」を語源とする。「生き物が生息する場」という意味になるが、生き物が〝心地よく〟生息する場と解すべきだろう。その中でも特に、湿原を対象としたビオトープを湿原ビオトープと呼ぶことがある。ビオトープは、ヒトがつくる自然という意味では、生態系復元の最終兵器でもある。

自然な状態での生態系がどのように形成されるのかを理解しなければ、正確な保全も復元もできないことは、湿原ばかりでなくすべての生態系に言えることである。目的とする植物を植えて育ててみても、それは造園であり復元ではない。ビオトープで、ホタルやトンボを湿原に戻すという試みが行われているが、ホタルが戻ればビオトープ創出は成功なのだろうか。毎年、ホタルをビオトープ内に放すなど、常にヒトの手を加えなければ維持できないというのはどうなのだろう。日本では、ホタルは、固有種のゲンジボタルと中国東北部とシベリア東部にも分布するヘイケボタルがいる。ゲンジボタルは、河川をおもな生息地とし、ヘイケボタルは、湿原や水田をおもな生息地とする。おしなべてヘイケボタルの方が水質汚染に強い。そのため、本来は、ゲンジボタルの住めるビオトープを創出すべきなのにヘイケボタルが居ついたビオトープがつくられたこともある。造園がすべて悪いとは言わないが、やはり、ヒトの介入なしに維持できる生態系をつくることを目標とすべきだろう。そのためには、ヒトが手を触れず自然に任せておいたら、生態系はどのように変化、遷移していくのかを、何はさておき知る必要がある。

持続可能性と湿原

生態学的知見を駆使して遷移を促進し、巨大な炭素貯蔵源であるミズゴケ湿原を、自然に近い状態に再生できれば理想だろう。一方、自然なままに放置しておくと遷移が進まない時や、遷移が歪んだ方向に進む時には、ヒトによる操作が必要であろう。ビオトープなどによる復元なども有効となる。これらをさらに活用し、自然に育つことのできるミズゴケの量（生産力）を推定し、その育った分を刈り取り販売することなどで、持続可能な経済効果も期待される。サロベツ湿原では、人為生態系である農地と自然生態系である湿原の共存を目指し、これらの間に緩衝帯を設置して両生態系相互の影響を緩和させ、より質の高い生態系を創ろうとしている。これらの成果を教育に活用するなどして、CO_2吸収をはじめとする生態系サービス向上を介したＳＤＧｓ（Sustainable Development Goals、持続可能な開発目標）の目標達成にも貢献できる。そのためか、SDGsの目標一五「陸の豊かさも守ろう」では、湿原生態系の保全が重要視されている。釧路湿原では、湿原が持つ水の蒸発・貯留能力に着目し洪水を軽減する工夫がなされた。[*20]

国立公園などの法的な保護地域だけでは、炭素貯蔵や生態系サービスをはじめとする持続可能な生態系機能を維持することはできない。保護地域以外で生物多様性保全に資する地域(Other Effective area-based Conservation Measures、OECM)を増やし、そこでの湿原再生を地域レベルで実証し、世界に向けたモデルとする必要がある。

歌才湿原は、土地開発により湿原の大半が消失したが、残された湿原の部分は、OECMの一環である、30by30(サーティ・バイ・サーティ。二〇三〇年までに陸と海それぞれ三〇パーセント以上の保全を目指す)達成のために設けられた自然共生サイトに認定された。一部の耕作放棄地では、ミズゴケの再生も確認されているため、持続的なミズゴケ生産も見込める。

環境教育(湿原の未来を見守るために)

ESD(持続可能な開発のための教育、Education for Sustainable Development)は、ただの謳い文句になってしまうかもしれない。なぜなら、人がいなくなれば教育は存在しない。

歌才湿原がある黒松内町は、最盛期の一九五五年には人口が七四三八人であったが、減少を続け二〇二三年には二六一二人となった。国立社会保障・人口問題研究所は二〇四〇年には二〇〇〇人未満となると予測している。人口減少は、黒松内町だけで起こっていることではない。少子高齢化は進み、ついに北海道の半数以上の市町村は、「消滅可能性自治体」と呼ばれるにいたった。黒松内町では、人口減少のおもな要因は、一九九〇年頃までは転出による社会減であったが、最近では自然減も大きくなっている。

現在のところ、湿原を活用したESDは、文部科学省が学習指導要領を改訂し「環境教育」重視に舵を切ったこともあるが、地域行政と学校との協力により取り組まれているところが多い。しかし、その内容は、湿原を保全・復元している人の話を聞いたり、現地を見てみたりすることにとどまる事例も多く、田植えの実践などの工夫もあるが、改善の余地は多々ある。[*21] ケニアでは、湿原を保護することによる生態系サービスの向上が家族収入に結びつかないと思われているため、乱開発が進んでしまった。[*22] 適切な教育、まさにESDが必要とされている。

外から人を呼び込むことも必要だろう。環境教育の一種とも言えるエコツーリズムは、自然を傷つけず地域資源を持続的に活用する新しい旅行の方法として期待されている。エコツアーは、エコツーリズムの考え方をもとにつくられた旅行をいう。生態系サービスの豊富な湿原においては、エコツーリズムと結びついた企画が試みられている。釧路湿原では、ホーストレッキング（乗馬の一種）、カヌー、歩くスキーなどがエコツアーに組み込まれ実践されている。魅力ある街づくりで転出をつなぎ留め転入を増やすことも必要だろうが、ヒトの奪い合いを市町村間でしていては、いずれかが消滅するのは時間の問題だろう。人口減を、肯定的に受け入れた上での政策も必要なのではないだろうか。黒松内町では福祉に力を入れるようだが、それも一つのやり方かもしれない。その際に、湿原の生態系サービス機能が有効活用できれば、大々的に利用してほしい。

コラム8　湿原の過去・現在・未来

湿原は、ヒトが地球上に現れる以前から存在していた。そこを今でも住処にする魚類や両生類のカエルやサンショウウオもいる（図22）。これらの両生類が生きていくのは、水たまりがすべてと思われがちだが、周囲の森林や草原がセットとなって両生類の住処となっている。

大楽毛《おたのしけ》湿原は、釧路湿原の一部をなす、ミズゴケを欠き谷地坊主が発達した湿原である。この湿原には、環境省レッドリスト二〇二〇で絶滅危惧ＩＢ類に指定される

図 22　湿原の両生類たち。【上】有珠山第 4 火口に形成された湿原にいたエゾサンショウウオ（1996 年 7 月 26 日）。1977 ～ 1978 年大噴火で全滅したと思っていた。【下】北大遺跡保存庭園内の側溝で見つけたエゾアカガエルの卵塊（2020 年 3 月 31 日）。北海道大学キャンパスは、もともとは湿原であった。卵塊の周りにはミズバショウが生えていた。

キタサンショウウオが棲んでいる。日本では、道東にのみ分布する氷河期の遺存種である。大楽毛湿原は、春先には雪解け水で水位が高いが、夏が近づくにつれて水位は低くなる。キタサンショウウオは、水位が高い春の繁殖期に、水辺の枯草や倒木に卵（卵嚢）を産みつける。秋には、成体はヤチハンノキ林などの森林へ移動し越冬すると考えられている。やはり、湿原の周囲を含めた景観レベルでの保全が必要である。

再エネ推進の中、キタサンショウウオの生息地に太陽光発電所建設計画が浮上したりもする（釧路新聞、二〇二二年一二月二三日[*23]）。湿原の過去・現在・未来は、「小石のように」の歌詞のように、山から始まり、海に向かい、再び山に戻るような輪廻転生の世界なのだろうか。それとも、「進化樹」のように、ヒトは、湿原に後戻りできない進化をさせているのだろうか。口に出すことができない人生であっても「忘れてはいけないない」ことは必ずあるはずだ。

終章　湿原の豊かさを守る

生態学の応用だけでは保全・復元はできない

生態系の保全・復元された状態を維持管理するためには、得られた生物多様性指標や他の生態系サービス（持続可能なミズゴケ生産と放牧畜産など）に関わるデータを合わせ、定量的な政策（社会実装）につなげる必要がある。

まず、湿原再生の政策や計画は、これまで以上に科学的知見に基づいて計画されるべきである。ミズゴケ湿原が回復目標だったはずが、ヨシスゲ湿原が育っては、元も子もない。計画は、SDGs達成につながることを意識しておく必要がある。そのためには、社会的・経済的制限を把握し、行政、民間団体、企業などの地域主体と連携できるシステムがあるとよい。

そのためには、地域におけるケーススタディ、日本レベルでのデータ解析、国際的な取り組みの分析を進めておかねばならない。地域スケールでは、ケーススタディで得られた知見を社会実装へのスケールアップに応用できるよう、気候変動、人口変動、土地利用変化などのシナリオを踏まえ、ミズゴケが優占する湿原の保全・再生に適地を選定することが最初のステップとなるだろう。そして、その成果をさまざまな地域に還元するために広域化を図るには、泥炭が形成される湿原の分布や保全状況、復元の可能性について、全国の空間情報や公的統計を用いて整理せねばならない。

政府は二〇二〇年に、気候安定化のために二〇五〇年までにCO_2排出をプラスマイナス0にすることを宣言した（カーボンニュートラル）。この数値目標の達成可能性には疑問を感じるが、達成のためにさまざまな取り組みがなされていることはよいことだろう。過去に類を見ない野心的な取り組みも必要となろう。そのためにも、環境科学や市民科学は大きな武器となる。

再エネに見られるように、地域レベル・地球レベルで生態系の保全・復元を実現させるためには、成果を国際的な議論に還元する必要がある。そのため、生物多様性及び生態系サービスに関する政府間科学－政策プラットフォーム（IPBES《イプベス》）が、生物多様性と生態系サービスの科学的評価、および国際的な政策立案と意思決定を目指し二〇一二年に設立された[*1]。国際化のためには、湿原の保全・再生や湿原の炭素固定機能向上を対象とした国際的な取り組みについて、国際連合の気候変動枠組条約や生物多様性条約、IPBESが提供する枠組みを活用し、欧州の先駆的な事例に学ぶ必要もある。

湿原の保全と復元について、植物生態学が基礎的な部分を提供するのは必然としても、これに加えて、研究分野の垣根を越えた学際的な研究が必要である。そのためには、同じ目標に対して議論できる土俵をつくらねばならない。分野の違いによって同じ言葉が別の意味で使われているようでは、小さな土俵しかつくれない。

環境科学・地球環境科学の必要性

レイチェル・カーソンが『沈黙の春』[*2]（一九六二）で農薬環境汚染を取り上げたのをきっかけに、ヒトによる環境汚染に関する世界的な大論争が起こった。一九六〇年代には公害問題が大きく取り上げられ、公害への反対運動の高まりが見られた。日本では一九七一年に、各省庁の公害行政の一本化を目的に環境庁が発足した。ただし、公害行政とある点には注意したい。環境庁発足と前後して、自然保護運動も高まった。一九七二年には自然環境保全法が公布された。その最中に、大学院における環境科学教育の必要性が認識され、自分が修士課程を過ごした北海道大学大学院環境科学研究科が一九七七年に設立されることになる。環境科学は、あたり前だが、環境に関する科学であり、理系諸分野を横断する学際的な学術研究領域である（図23）。

環境科学は、ヒトが住むところの理解を目的とする科学である。[*3]そのためには環境を定量的に計測する必要があり、特に、自然系機能の解明、生物多様性を説明する生態学概念の理解、現在の環境問題の把握、課題解決を目指した批判的思考（クリティカルシンキング）の重要性が挙げられている。これらを組み合わせて初めて、持続可能な開発、気候変動の解明と対策への適切な解答をつくることができる。

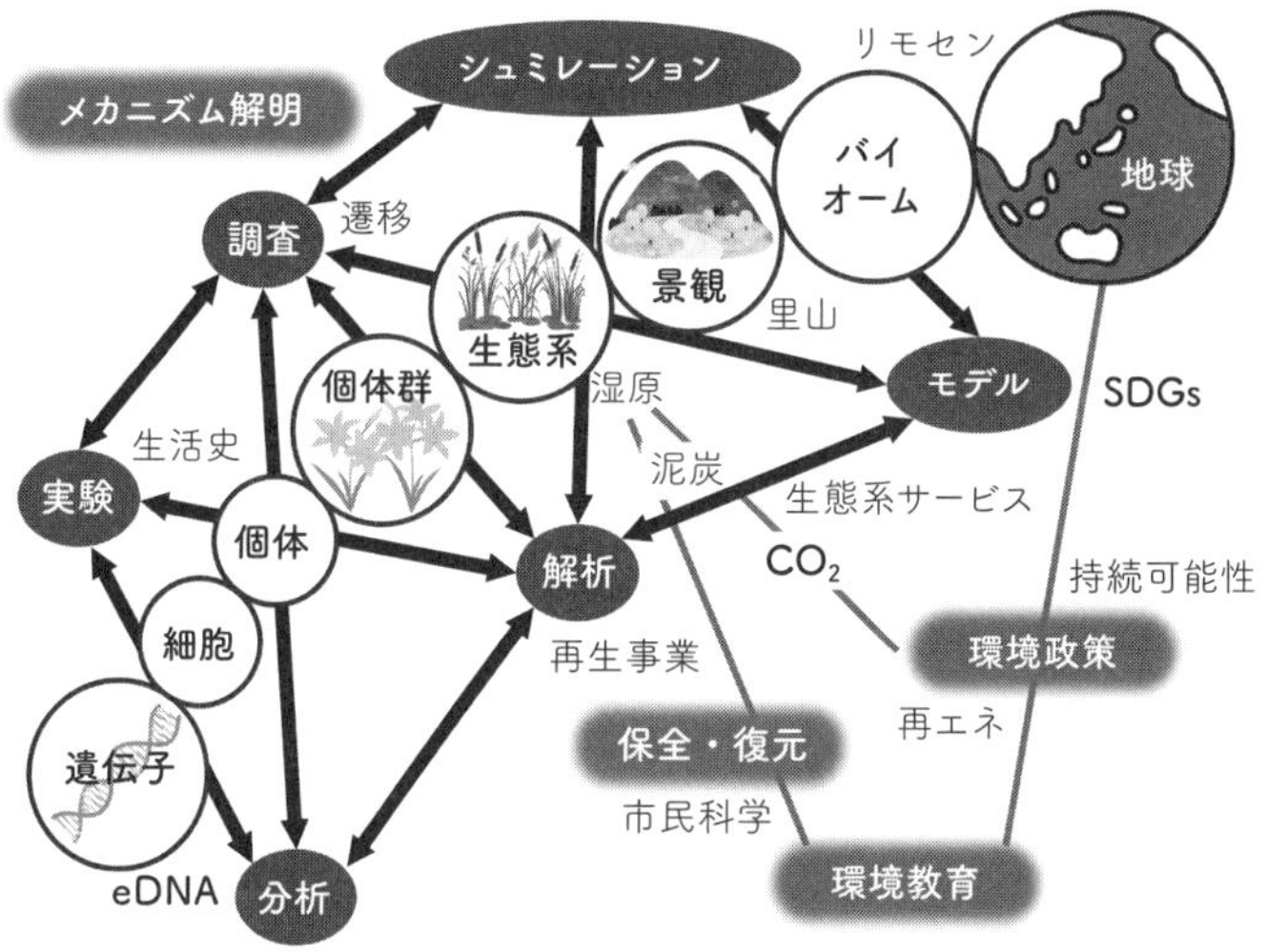

図 23　湿原と環境科学。地球環境のメカニズム解明には遺伝子から地球までのさまざまな空間スケールでの構造と機能を検証し、それらのスケール間の相互関係を明らかにする必要がある。

環境科学もそうだが、長期観測によって得られる発見も多い。西欧では、一〇〇年以上の定点観測が続けられているところはザラにある。一方、日本ではそのような長期観測は少ない。その理由は、文部科学省がつくった教育研究構造にある。五年間の追跡調査をまとめた論文を海外の雑誌に投稿して、日本の大学院で研究可能な五年間の調査では調査期間が短いとリジェクト（掲載不可）となったことがあるが、日本の研究期間は数年単位であることが多い。博士課程は、自由に研究できる期間が実質三年間なので、長期調査を研究テーマにできない。自分はやるとして、長期研究を行う研究者は減る一方なのではないだろうか。日本の大学院をはじめとする研究機関の構造を、長期研究を許容できるよう根本から考え直さねばならないようにも思う。

江戸の環境科学

徳川家康が一五九〇年に江戸勤めを豊臣秀吉に命じられた当時、江戸は、一面ヨシ原で、江戸城の目の前まで入り江が来ていた小さな村だった。[*4] 家康が江戸に入ってすぐに、食と住の確保は緊急課題となった。まず、家康が着手したのは、道三堀《どうさんぼり》に代表される運河開削工事だった。これにより、塩をはじめとする必需品の円滑な輸送が可能になった。ついで、飲料水確保のために、後の神田上水につながる事業で小石川の利用や、淵と呼ぶ飲料水用ダムなどの構築を始めている。その多くは自然の地形を生かして設計されたため、短い時間と低い労働コストで工事ができている。実際には、ヨシ原は減ったが、この時点ではまだまだ湿原との共存は十分に図られていた。

江戸時代幕開けの一六〇三年頃の江戸の人口は一五万人程度と推定されるが、一七二一年には、町人人口で五〇万人、武士を含めると恐らく一〇〇万人を超え、当時の巨大都市の一つとなった。それにもかかわらず、江戸では水を経由した疫病の発生が、海外の大都市と比べて少ないという特徴があった。それは、ゴミ・有機物などまでもが見事に再利用、循環利用され、最終的には多くのものが土に還っていく社会が形成されていて、非常に衛生的であったためである。[*5]とは言え、最終的にはゴミの処分が必要で、一六五五年にはゴミ捨場を現在の東京富岡八幡宮あたりに位置する永代浦に定めた。その後は、人口増加に伴いゴミ捨場は数も面積も増え、一八世紀後半までには一〇〇ヘクタール以上がゴミにより埋め立てられた。これらのゴミ捨場の多くは湿原であった。当時のゴミのほとんどは、自然に分解し土に還るものであり、埋め立て後の土地は、新田開発にも利用された。つまり、湿原は、水田開発でも重要な位置を占めていた。

このような自然を活用し、自然とヒトが共生できる社会にも応用できるのが、本来の環境科学ではないだろうか。東京湾の大規模埋め立てであることは間違いないが、この時代にはまだ自然との共生が保たれていた。

一方、現代では湿原とその付近で風発やメガソーラー建設計画が目白押しである。再エネとは名ばかりの、自然との共生からはほど遠い開発がなされている。これを克服するためにも環境科学は再認識されるべきであろう。

SDGsと湿原

SDGsという言葉を耳にするようになってから久しい。SDGsとは、二〇一五年の国連サミットにおいて全会一致で採択された「持続可能な開発目標（Sustainable Development Goals）」の略で、二〇三〇年までに達成すべき一七の目標が掲げられている。目標の下に、より具体的な一六九の達成基準と二三二の指標が設けられている。SDGsの一七目標を異なる色で示した画像は、みなさんも一度は目にしていると思う。

その中の、SDGs目標一三は「気候変動に具体的な対策を」、目標一四は「海の豊かさを守ろう」、目標一五は「陸の豊かさも守ろう」である。これらは、明らかに湿原機能と結びついており、湿原復元がSDGsの達成に貢献することを示している。特に、泥炭湿原は巨大な炭素貯蔵源であり、CO_2の貯留量は大気中の量に匹敵するという推定もある。ミズゴケ湿原再生過程を通した正確な炭素動態を明らかにすることは、「気候変動に具体的な対策を」の解決に直結するが、まだまだ推定誤差が大きく、結論を得るにはもう少し時間がかかりそうである。[*6] 精度が低い原因として、地下部の観測・測定が不足していることが挙げられている。この点を改良・改善することで、これらの目標が達成できれば、目標三の「すべての人に健康と福祉を」、目標四の「質の高い教育をみんなに」、目標一七の「パートナーシップで目標を達成しよう」に、自ずと貢献できることになる。

湿原再生の市民科学

シナジー（相乗効果）とは、全体の合計が個々の総和より大きくなる現象を指す。つまり、一＋一が三になったり四になったりする。数字だけを見てみると絵空事のような気もするが、現代社会での湿原をはじめとする生態系復元では重要な発想となる。これまで見てきたように、生物多様性保全と気候変動対策が生み出すシナジーとして、湿原の保全と復元によって持続可能性を確保する戦略研究プロジェクトを作成し、成果を多様な主体と共有し政策（戦略）に取り入れる展望はできた。モニタリングは研究者による調査分析だけでなく、地域参加型調査を行い湿地の活用を検討する、いわゆる市民と科学者が協調して研究を行う市民科学（シチズンサイエンス）の形で実施されつつある。

日本における市民科学は、植物分布調査などのデータベース化といった自然科学分野で普及しつつある。世界の湿原では、世界湿地学会（Society of Wetland Scientists）などが主導し、世界中の五〇〇以上の湿原において市民科学的アプローチで調査が行われた。その結果、アフリカ、ラテンアメリカ、カリブ海にある大規模湿原の方が、北米、欧州、オセアニアにある小規模湿原よりも湿原としての環境が悪化していることが示された。[*7] 市民科学は、これから多くの野外科学で応用され、普及していくだろう。

市民科学のきっかけとしても、湿原の特徴をより正確に定量化する必要があるだろう。ミズゴケの生産力推定は非破壊的に行わねばならないが、これには第3章で紹介したスキャナ法が応用できる。スキャナ法を用いた現地における微地形スケールでの測定と、リモセンによる広域での測定を組み合わせ、泥炭・炭素蓄積速度の測定精度を向上させ、それをもとに信頼性の高い具体的な数値で話をすることができる。たとえば、ブナ何本分に相当するCO_2を泥炭が吸収しているか計算し、それをもとに必要な泥炭地面積を算出する、というように、市民、職員、小中高等学校教員や生徒たちが五感を使って捉えられる工夫ができる。

これまで事例として紹介してきたように、サロベツ湿原や釧路湿原では、自然再生推進法に基づき、自然再生協議会を発足させた。釧路では湿原の量的・質的な再生を目標に、サロベツでは湿原と農業の共存による地域づくりを課題に、事業を展開し情報発信を行っている。

SDGsを超えて（ポストSDGs）

SDGsに対する湿原の寄与が再認識されるにつれ、湿原に期待される生態系サービス効果は、ポストSDGsを見据えた段階に移行しつつある。二〇二二年の生物多様性条約COP15で「昆明・モントリオール生物多様性枠組」が採択されたことを受け、日本では二〇二三年に「生物多様性国家戦略2023−2030」が閣議決定された。これらには、「自然を活用した解決策（Nature-based Solutions、NbS）」や「自然共生サイト・OECM」を武器に、生物多様性の損失を食い止め、自然を回復軌道に乗せるネイチャーポジティブを目指すことが明記されている。これらを実現するためには、自然資源の保全・活用を各地域で促進し、地域政策に統合していく必要があり、現場で実行可能な論理と技術が求められている。

30by30は、二〇二一年のG7サミットにおいて、二〇三〇年までに地球の陸と海それぞれの三割を健全な自然の生態系が保たれた場として保全していくことを目標に合意された。そのため、湿原を含めた里山が30by30の取り組みの場として注目されている。広い意味での里山は、国土の四割を占めると言われている。この数字が本当であれば、里山が30by30の達成に果たす役割は大きい。里山が全部、健全な生態系が保たれた場となれば、目標はほとんど達成できてしまう。

COP15で採択されたネイチャーポジティブとは、二〇二〇年を基準として二〇三〇年までに自然の喪失を食い止め、逆転させ、二〇五〇年までに完全な回復を目指す目標である。第六の生物種大絶滅の時代にすでに突入していることが懸念されているが、その原因はヒトである。*8

もはや、絶滅リスクの高い種の成育域の保全のみでは種の保全には不十分であり、個体群の安全な地域や成育地への移転などの措置は必要なのかもしれない。しかしながら、その成果には、実施されている膨大な数の移転に比べて論文としての報告が少ないなど、不明瞭な部分が多い。[*9]絶滅が危惧されている種子植物は既知種の四〇パーセントに達すると推定され、その多くが特異的な成育地で育つものであり、湿原の多くの種がその四〇パーセントに含まれている。[*10]

最後の最後に――湿原オンリーも困るが

これまで、湿原の話を忌憚なく述べてきたつもりだが、さらなる研究が必要なことだらけなのがわかるかと思う。保全や復元の概念は、湿原用語と同じように、時代とともに変わる。自分の湿原研究は、中国四川省・ロールガイ湿原での研究がきっかけである。まさか、中国、シベリア、サロベツ、インドネシア、アラスカと渡り歩いて湿原とつき合うことになるとは思わなかった。今は、歌才湿原で、お決まりの手順だが、現状把握と群集構造の決定機構の解明を行い、同時に問題点の洗い出しとミズゴケ定着の促進、そして、それらを組み合わせて持続的な湿原再生事業などに活用される工夫を画策中である。果たして、どのような結果になるのだろう。できれば、それらを失われつつある多くの湿原でも応用できるようにしたい。

地球温暖化に伴い海水面上昇が進むと、最大の湿原である海洋は、ますます大きくなることだろう。ＩＰＣＣ（気候変動に関する政府間パネル）は、一九九〇年に第一次評価報告書（Assessment Report、ＡＲ）を発行し、二〇二三年には第六次評価報告書（ＡＲ６）を発行した。ＡＲ６では、一九〇一年から二〇一八年にかけて世界平均海面水位は二〇センチメートル上昇し、少なくとも一九七一年以降に観測された世界平均海面水位の上昇の主要な駆動要因は、ヒトである可能性が非常に高いと結論している。[*11] とすれば、すでに地球全体での湿原化は始まっているとも言える。実際に、太平洋に浮かぶ島々では高潮害や塩害が顕在化している。湿原が爆発的に増えることは、ヒトにとってよいことばかりではない。やはり中規模（ほどほど）が一番なのだろう。問題は、その「ほどほど」を見極めるのが難しいことである。そういえば、泥炭は土壌なのか、そうではないのか、という議論もあった。はっきりさせねばならないことは、まだ山ほどある。

湿原研究は、具体的な保全・復元研究と基礎研究を結びつけ、湿原に関心を持つ人々に議論の場を提供できる。そのためにも、我々が行っているサロベツ泥炭採掘跡地における環境科学的手法を用いた研究を、さらに応用・発展させなければならない。少なくとも、サロベツ湿原での知見が、どこまで応用可能かを明らかにする必要がある。「どこまで」とは、どの地域まで、どのような湿原まで、そして、どのような環境変化にまで適応できるかという意味である。

太古の時代からヒトの生活に深く関わってきた湿原。その保全は現代人の責務である。保全活動を通じて湿原を、より豊かな自然環境として未来に引き継がねばならない。

コラム9　再生可能エネルギーと環境保全の両立

風力発電所（風発）や太陽光発電所は、稼働中にCO_2を放出しないためCO_2排出削減のエース格として再エネ確保の主役として抜擢されている。しかし、どこに建ててもよいというものでもないだろう。自然との共存と持続的な利用の両立が必要である。湿原の生態系サービスを持続可能なままで利用するワイズユース（賢明な利用）の視点を忘れてはいけない。

飛翔性の絶滅危惧動物が風発に衝突するバードストライクも発生している。[12]日本生態学会[13]や同北海道地区会[14]では、「科学的根拠」をもとに計画の問題点を整理し、意見書という形で公表している。二〇一二年以降では、湿原を含めた海岸植生が帯状に発達する銭函《ぜにばこ》海岸や浜厚真《はまあつま》での風発建設の影響、安平《あびら》川湿原の河道内調整地への組み込み、宗谷丘陵での風発建設、釧路の西にある馬主来沼での太陽光発電などについて意

図 24 【上】銭函海岸に発達したオタナイ沼湿原（2011 年 5 月 29 日）。【下】風発建設に使用された作業道とヤード（風発を組み立てるのに使う空地）上に繁茂する帰化種のオニハマダイコン植生が帯状に発達する。中央に写る植物は、すべてと言ってもいいくらいにオニハマダイコンである（2020 年 7 月 31 日）。右手後方に数基の風発が見える。この近くでトンビのバードストライクによる死骸が発見された。痛ましいので、その写真は控えよう。

見書を提出している。宗谷丘陵では、湿原が随所に見られ、日本に残る最後のイトウの繁殖地として知られる。

科学的根拠と書いたが、根拠は検証されねばならない。そのためにも、事業の影響を時間・空間の両軸で科学的にモニタリングするＢＡＣＩデザインによる調査などは実施すべきである。

風発建設による生態系への影響を取り除くには、計画中止を含めた効果的な回避、低減が必要である。そうでなければ、再エネの確保が湿原の衰退をもたらすという矛盾に陥ってしまう。札幌近くの銭函海岸では、風発を組み立てるのに使用するヤードという用地への帰化植物の侵入が尋常ではなく、帰化植物の温床となっていた[*15]（図24）。北海道の黒松内より北の海岸帯状植生の多くは、海岸性カシワ林が発達し、塩湿地を含むこともある。その海岸性カシワ林も、造成開発のために多くが伐採されてしまった。現存するカシワ林の保全が求められている。

おわりに

何よりも先に、以下の方々に感謝の意を表したい。湿原研究に関しては、MEXT（文部科学省）、JSPS（日本学術振興会）はもとより、旭硝子財団、日本フラワーデザイナー協会、国際花と緑の博覧会記念協会、エスペック地球環境研究・技術基金、IJIS（JAXA）、日本自然保護協会、河川環境管理財団（当時）から助成金を受けた。国内外での調査に際しては、環境庁（当時）、豊富町役場、サロベツ湿原センター（NPO法人サロベツ・エコ・ネットワーク）、黒松内町役場など、多くの方々の支援を受けた。本書に登場した院生については、彼ら・彼女らの研究の多くは論文となっているので、そちらも参照されたい。最後に、築地書館の髙橋芽衣さんには、心からの感謝を申し上げる。自分がここには書きたくない失敗をしてしまった際にも、多大なご支援とご助言をいただいた。これらのいずれが欠けても、本書が完成することはなかっただろう。

本書は、「線路の外の風景」に見えてくる、普段何気なく見ている景色である湿原を、構造と機能の面から整理し、湿原が昔も今も、そして未来も、水と炭素を蓄えることで膨大な生態系サービスを提供していることを認識してもらうために書きはじめたものである。湿原は、中島みゆきの歌声が人の心に響くように、静かに、かつ着実に世界を支えている。中島みゆきの楽曲が時代を超え愛されつづけるのと同様に、湿原の保全と復元を推進することで、湿原も永続的な価値を持つ存在となれば幸いであるが、そのためにも現実を見つめ直す必要がある。曲名索引を参照されたいが、文中には三二曲のタイトルをおもに引用させていただいた。なかでも、二〇〇六年に発売されたアルバム『ララバイSINGER』に収録されている「水」は、湿原の神髄を捉えていると思う。そして、歌詞には「私の水」、「心の水」、「分けあう水」、「奪う水」、「冷たい水」、「珍しい水」などのフレーズがあり、湿原が多様であり、生態系や人間社会にとって欠かせない存在であることを示しているように思う。湿原の保全と復元は、持続可能な水資源管理に直結するため、市民と研究者、そしてステークホルダー（利害関係者）との連携が必要であり、その懸け橋として本書が役立つことを期待して、後半を書いた。

振り返ってみると、大学・大学院で担当しているいくつかの講義から湿原の話を切り取ったダイジェスト版のような本になった気もする。中国で、世界最大の湿原とも言われるロールガイに行った時には、水さえわかれば、湿原なんてわかったようなものだと考えていた。その通りなのだが、その水は「水」の通り複雑怪奇であり、水を理解する道の「傾斜」は険しくなるばかりである。インドネシアの熱帯泥炭湿原では、人がつくった側溝の側壁にミズゴケがちんまりと生えていた。側溝は、「ホームにて」のように静かで孤独な湿原なのかとも思ったが、やはり「狼になりたい」のように貧栄養であることがミズゴケ定着の鍵であることを改めて認識した。野外観察は一番大事である。

最後になるが、中島みゆきの「地上の星」のように、湿原は見えないところで世界を支えている存在であることを忘れずに、研究を続け「糸」を少しでも紡ぎながら、これからもその価値を伝えていきたい。そして、本書を手に取ってくださった皆様に心から感謝申し上げたい。皆様の支援と関心が、湿原と地球の未来をよりよいものにする力となることを信じて筆（キーボード）を置くことにしよう。

＊19 Hubner G, Pohl J, Hoen B, et al. 2019. Monitoring annoyance and stress effects of wind turbines on nearby residents: A comparison of U.S. and European samples. *Environ Int* 132, 105090. doi: 10.1016/j.envint.2019.105090

＊20 Nakamura F (ed.). 2022. *Green infrastructure and climate change adaptation*. Springer, Singapore

＊21 UNESCO. 2012. Shaping the education of tomorrow: 2012 Full-length report on the UN decade of education for sustainable development. Paris, France. 101 pp.

＊22 Shah P. 2021. Education for sustainable development? Analysis of financing wetland conservation in the wetlands of Kenya. *J Financ Develop* 1: 93-114

＊23 釧路新聞 . 2022 年 12 月 23 日 . キタサンショウウオ「危機的状況」 太陽光発電開発で生息域減 . https://kushironews.jp/2022/12/23/393280/（参照：2025 年 1 月 3 日）

終章

＊1 Brondizio E, Diaz S, Settele J, Ngo HT et al. (eds.). 2019. Global assessment report on biodiversity and ecosystem services of the Intergovernmental Science-Policy Platform on Biodiversity and Ecosystem Services. IPBES, Bonn

＊2 Carson R. 1962. *Silent spring*. Houghton Mifflin（青樹簗一訳 . 1974. 沈黙の春 . 新潮文庫）

＊3 Cunningham WP, Cunningham MA, O'Reilly CM, et al. 2024. *Environmental science. A global concern* (16th edn.). McGraw Hill, New York, USA

＊4 鈴木理生・鈴木浩三 . 2022. ビジュアルでわかる 江戸・東京の地理と歴史 . 日本実業出版社

＊5 環境省（編）. 2008. 平成 20 年版環境循環型社会白書 . 環境省

＊6 Charman DJ, Beilman DW, Blaauw M, et al. 2013. Climate-related changes in peatland carbon accumulation during the last millennium. *Biogeosci* 10: 929-944

＊7 McInnes RJ, Davidson NC, Rostron CP, Simpson M, Finlayson CM. 2020. A citizen science state of the world's wetlands survey. *Wetlands* 40: 1577-1593

＊8 Barnosky AD, Matzke N, Tomiya S, et al. 2011. Has the Earth's sixth mass extinction already arrived? *Nature* 471: 51–57

＊9 Fenu G, Calderisi G, Boršić I, et al. 2023. Translocations of threatened plants in the Mediterranean Basin: current status and future directions. *Plant Ecol* 224: 765-775

＊10 Antonelli A, et al. 2023. *State of the world's plants and fungi 2023*. Royal Botanic Gardens - Kew, Richmond

＊11 IPCC (Intergovernmental Panel on Climate Change). 2023. *Climate change 2023: synthesis report. Contribution of working groups I, II and III to the sixth assessment report of the IPCC*. Core Writing Team, Lee H, Romero J (eds.). IPCC, Geneva, Switzerland

＊12 浦 達也 . 2015. 風力発電が鳥類に与える影響の国内事例 . *Strix* 31: 3-30

＊13 日本生態学会 . https://www.esj.ne.jp/esj/（参照：2025 年 1 月 3 日）

＊14 日本生態学会北海道地区会 . https://www.esj-hokkaido.org/（参照：2025 年 1 月 3 日）

＊15 露崎史朗・先崎理之・和田直也・松島 肇 . 2021. 銭函海岸風力発電所建設が生態系に与えた影響の事後評価 . 保全生態学研究 26: 333-343

第 7 章

＊ 1 Triisberg T, Karofeld E, Paal J. 2013. Factors affecting the re-vegetation of abandoned extracted peatlands in Estonia: a synthesis from field and greenhouse studies. *Eston J Ecol* 62: 192-211

＊ 2 Lavoie C, Marcoux K, Saint-Louis A, et al. 2005. The dynamics of a cotton-grass (*Eriophorum vaginatum* L.) cover expansion in a vacuum-mined peatland, southern Quebec, Canada. *Wetlands* 25: 64-75

＊ 3 Quinty F, Rochefort L. 2003. Peatland restoration guide (2nd edn.). Canadian *Sphagnum* Peat Moss Association, New Brunswick Department of Natural Resources and Energy, Québec, Canada

＊ 4 Karofeld E, Müür M, Vellak K. 2016. Factors affecting re-vegetation dynamics of experimentally restored extracted peatland in Estonia. *Environ Sci Poll Res* 23: 13706-13717

＊ 5 Robroek BJM, van Ruijven J, Schouten MGC, et al. 2009. *Sphagnum* re-introduction in degraded peatlands: The effects of aggregation, species identity and water table. *Basic Appl Ecol* 10: 697-706

＊ 6 Corson A, Campbell D. 2013. Testing protocols to restore disturbed Sphagnum-dominated peatlands in the Hudson Bay Lowland. *Wetlands* 33: 291-299

＊ 7 Andersen R, Grasset L, Thormann MN, et al. 2010. Changes in microbial community structure and function following *Sphagnum* peatland restoration. *Soil Biol Biochem* 42: 291-301

＊ 8 Christie AP, Amano T, Martin PA, et al. 2019. Simple study designs in ecology produce inaccurate estimates of biodiversity responses. *J Appl Ecol* 56: 2742-2754

＊ 9 Forman RTT, Gordon M. 1991. *Landscape ecology*. Wiley, Campbell, CA, USA

＊ 10 van de Koppel J, Altieri AH, Silliman BR, et al. 2006. Scale-dependent interactions and community structure on cobble beaches. *Ecol Lett* 9: 45-50

＊ 11 Kikvidze Z, Khetsuriani L, Kikodze D, et al. 2006. Seasonal shifts in competition and facilitation in subalpine plant communities of the central Caucasus. *J Veg Sci* 17: 77-82

＊ 12 Maron M, Quetier F, Sarmiento M, et al. 2024. 'Nature positive' must incorporate, not undermine, the mitigation hierarchy. *Nature Ecol Evol* 8: 14-17

＊ 13 Otte ML, Fang W-T, Jian M. 2021. A framework for identifying reference wetland conditions in highly altered landscapes. *Wetlands* 41: 40

＊ 14 Nakamura K, Tockner K, Amano K. 2006. River and wetland restoration: lessons from Japan. *BioSci* 56: 419-429

＊ 15 Lordkipanidze M, Bressers H, Lulofs K. 2019. Governance assessment of a protected area: the case of the Alde Feanen National Park. *J Environ Planning Manag* 62: 647-670

＊ 16 Fraga MI, Romero-Pedreira D, Souto M, et al. 2008. Assessing the impact of wind farms on the plant diversity of blanket bogs in the Xistral Mountains (NW Spain). *Mires Peat* 4, article 06

＊ 17 滝田謙譲 . 1999. 北海道におけるミズゴケの分布及びその変異について . *Miyabea* 4: 1-84

＊ 18 北海道 . 2024. 環境生活部 環境保全局 環境政策課 環境影響評価（https://www.pref.hokkaido.lg.jp/ks/ksk/assesshp/）（参照：2025 年 1 月 3 日）

＊20 Ketcheson SJ, Price JS. 2011. The impact of peatland restoration on the site hydrology of an abandoned block-cut bog. *Wetlands* 31: 1263-1274
＊21 Clarkson B, Whinam J, Good R, Watts C. 2017. Restoration of Sphagnum and restiad peatlands in Australia and New Zealand reveals similar approaches. *Restor Ecol* 25: 301-311
＊22 Guene-Nanchen M, Hugron S, Rochefort L. 2019. Harvesting surface vegetation does not impede self-recovery of *Sphagnum* peatlands. *Restor Ecol* 27: 178-188

第6章

＊1 橘ヒサ子・伊藤浩司 . 1980. サロベツ湿原の植物生態学的研究 . 環境科学：北海道大学大学院環境科学研究科紀要 3: 73-134
＊2 大平明夫 . 1995. 完新世におけるサロベツ原野の泥炭地の形成と古環境変化 . 地理学評論 Series A 68: 695-712
＊3 松浦武四郎 . 1862. 天塩日誌 . 多氣志樓 , 江戸（丸山道子現代語訳 . 1974. 天塩日誌 . 凍土社）
＊4 サロベツ総合調査委員会 . 1972. サロベツ総合調査報告書：泥炭地の生態 . 北海道開発局
＊5 Zhang Z, Fluet-Chouinard E, Jensen K, et al. 2021. Development of the global dataset of wetland area and dynamics for methane modeling (WAD2M). *Earth Syst Sci Data* 13: 2001-2023. doi: 10.5194/essd-13-2001-2021
＊6 Nishimura A, Tsuyuzaki S, Haraguchi A. 2009. A chronosequence approach for detecting revegetation patterns after Sphagnum-peat mining, northern Japan. *Ecol Res* 24: 237-246
＊7 Nishimura A, Tsuyuzaki S. 2015. Plant responses to nitrogen fertilization differ between post-mined and original peatlands. *Folia Geobot* 50: 107-121
＊8 Egawa C, Koyama A, Tsuyuzaki S. 2009. Relationships between the developments of seedbank, standing vegetation and litter in a post-mined peatland. *Plant Ecol* 203: 217-228
＊9 Egawa C, Tsuyuzaki S. 2013. The effects of litter accumulation through succession on seed bank formation for small-and large-seeded species. *J Veg Sci* 24: 1062-1073
＊10 Baumane M, Zak DH, Riis T, et al. 2021. Danish wetlands remained poor with plant species 17-years after restoration. *Sci Total Environ* 798, 149146
＊11 Rasanen A, Albrecht E, Annala M, et al. 2023. After-use of peat extraction sites - A systematic review of biodiversity, climate, hydrological and social impacts. *Sci Total Environ* 882, 163583. doi: 10.1016/j.scitotenv.2023.16358
＊12 Nomura N, Tsuyuzaki S. 2015. Hares promote seed dispersal and seedling establishment after volcanic eruptions. *Acta Oecol* 63: 22-27
＊13 Tsuyuzaki S. 2020. The seed germination of berry-producing ericaceous shrubs in relation to dispersal by hare. *Bot Lett* 167: 424-429
＊14 Tsuyuzaki S, Saito T, Arakawa RS. 2022. The occurrence patterns of gut bacteria in a post-mined peatland, northern Japan. *Mires Peat* 28, article 29
＊15 高橋英樹 . 2024. サハリン島の植物 . 北海道大学出版会 . 798

Sakio H, Tamura T (eds.). *Ecology of Riparian Forests in Japan*. Springer, Tokyo. 165-174

＊3 Padrón RS, Gudmundsson L, Decharme B, et al. 2020. Observed changes in dry-season water availability attributed to human-induced climate change. *Nature Geosci* 13: 477-481

＊4 Mekonnen ZA, Riley WJ, Berner LT, et al. 2021. Arctic tundra shrubification: a review of mechanisms and impacts on ecosystem carbon balance. *Environ Res Lett* 16, 053001

＊5 Glatzel S, Lemke S, Gerold G. 2006. Short-term effects of an exceptionally hot and dry summer on decomposition of surface peat in a restored temperate bog. *Eur J Soil Biol* 42: 219-229

＊6 Kopnia H, Washington H (eds.). 2020. *Conservation: Integrating social and ecological justice*. Springer, Cham

＊7 Takeshita D, Terui S, Ikeda K, et al. 2020. Projection range of eDNA analysis in marshes: a suggestion from the Siberian salamander (*Salamandrella keyserlingii*) inhabiting the Kushiro marsh, Japan. *PeerJ* 8, e9764

＊8 Soomers H, Karssenberg D, Soons MB, et al. 2013. Wind and water dispersal of wetland plants across fragmented landscapes. *Ecosystems* 16: 434-451

＊9 Koyama A, Tsuyuzaki S. 2010. Effects of sedge and cottongrass tussocks on plant establishment patterns in a post-mined peatland, northern Japan. *Wetlands Ecol Manag* 18: 135-148

＊10 江川知花・西村愛子・小山明日香 他 . 2017. 北海道サロベツ湿原泥炭採掘跡地における外来植物の侵入 . 保全生態学研究 22: 187-197

＊11 Koyama A, Tsuyuzaki S. 2013. Facilitation by tussock-forming species on seedling establishment collapses in an extreme drought year in a post-mined *Sphagnum* peatland. *J Veg Sci* 24: 478-483

＊12 Koyama A, Tsuyuzaki S. 2012. Mechanism of facilitation by sedge and cotton-grass tussocks on seedling establishment in a post-mined peatland. *Plant Ecol* 213: 1729-1737

＊13 Hoyo Y, Tsuyuzaki S. 2013. Characteristics of leaf shapes among two parental *Drosera* species and a hybrid examined by canonical discriminant analysis and a hierarchical Bayesian model. *Amer J Bot* 100: 817-823

＊14 Hoyo Y, Tsuyuzaki S. 2015. Sexual and vegetative reproduction of the sympatric congeners *Drosera anglica* and *D. rotundifolia*. *Flora* 210: 60-65

＊15 Hoyo Y, Tsuyuzaki S. 2014. Habitat differentiation between *Drosera anglica* and *D. rotundifolia* in a post-mined peatland, northern Japan. Wetlands 34: 943-953

＊16 Allan JM, Guene-Nanchen M, Rochefort L, et al. 2024. Meta-analysis reveals that enhanced practices accelerate vegetation recovery during peatland restoration. *Restor Ecol* 32, e14015

＊17 Gorham E, Rochefort L. 2003. Peatland restoration: a brief assessment with special reference to *Sphagnum* bogs. *Wetlands Ecol and Manag* 11: 109-119

＊18 Lindenmayer DB, Likens GE. 2009. Adaptive monitoring: a new paradigm for long-term research and monitoring. *Trends Ecol Evol* 24: 482-486

＊19 Bonn A, Allott T, Evans M, et al. (eds.). 2016. *Peatland restoration and ecosystem services*. Cambridge Univ Press, Cambridge defaunation: cascading effects of the seed dispersal collapse. *Sci Rep* 6, 24820

＊3 Fenner M, Thompson K. 2005. *The ecology of seeds*. Cambridge Univ Press, Cambridge

＊4 Tsuyuzaki S. 1989. Buried seed populations on the volcano Mt. Usu, northern Japan, ten years after the 1977-78 eruptions. *Ecol Res* 4: 167-173

＊5 Baskin CC, Baskin JM. 2014. *Seeds: ecology, biogeography, and evolution of dormancy and germination* (2nd edn.). Academic Press, Amsterdam

＊6 Jefferson LV, Pennacchio M, Havens K. 2014. *Ecology of plant-derived smoke*. Oxford Univ Press, New York

＊7 Tsuyuzaki S, Miyoshi C. 2009. Effects of smoke, heat, darkness and cold stratification on seed germination of 40 species in a cool temperate zone, northern Japan. *Plant Biol* 11: 369-378

＊8 Neff KP, Rusello K, Baldwin AH. 2009. Rapid seed bank development in restored tidal freshwater wetlands. *Restor Ecol* 17: 539-548

＊9 Egawa C, Tsuyuzaki S. 2011. Seedling establishment of late colonizer is facilitated by seedling and overstory of early colonizer in a post-mined peatland. *Plant Ecol* 212: 369-381

＊10 Egawa C, Tsuyuzaki S. 2015. Occurrence patterns of facilitation by shade along a water gradient are mediated by species traits. *Acta Oecol* 62: 45-52

＊11 Karofeld E, Kaasik A, Vellak K. 2020. Growth characteristics of three *Sphagnum* species in restored extracted peatland. *Restor Ecol* 28: 1574-1583

＊12 大原 雅 . 2015. 植物生態学 . 海游舎

＊13 Yamada M, Takahashi H. 2004. Frost damage to *Hemerocallis esculenta* in a mire: relationship between flower bud height and air temperature profile during calm, clear nights. *Can J Bot* 82: 409-419

＊14 酒井 昭 . 1982. 植物の耐凍性と寒冷適応：冬の生理・生態学 . 学会出版センター

＊15 Castro J, Zamora R, Hodar JA, et al. 2002. Use of shrubs as nurse plants: a new technique for reforestation in Mediterranean mountains. *Restor Ecol* 10: 297-305

＊16 Morris WF, Wood DM. 1989. The role of *Lupinus lepidus* in succession on Mount St. Helens: Facilitation or inhibition? *Ecology* 70: 697-703

＊17 河村通夫 . 1981. 帰ってくるなサーモン . ノーム・ミニコミセンター

＊18 Zanden MJV, Olden JD, Gratton C, et al. 2016. Food web theory and ecological restoration. In: Palmer MA, Zedler JB, Falk DA (eds.). *Foundations of Restoration Ecology*. Island Press, Washington, DC. 301-329

＊19 Rochefort L. 2000. *Sphagnum* - A keystone genus in habitat restoration. *Bryologist* 103: 503-508

＊20 生物の多様性分野の環境影響評価技術検討会（編）. 2002. 環境アセスメント技術ガイド 生態系 . 自然環境研究センター

第5章

＊1 Blossey B, Skinner LC, Taylor J. 2001. Impact and management of purple loosestrife (*Lythrum salicaria*) in North America. *Biodiv Conserv* 10: 1787-1807

＊2 Niiyama K. 2008. Coexistence of *Salix* species in a seasonally flooded habitat. In:

＊6　Tsuyuzaki S. 1997. Wetland development in the early stages of volcanic succession. J *Veg Sci* 8: 353-360

＊7　露崎史朗 . 1999. 北海道におけるスキー場植生の現状と問題点 . 日本生態学会誌 49: 265-268

＊8　Pflugfelder D, Metzner R, van Dusschoten D, et al. 2017. Non-invasive imaging of plant roots in different soils using magnetic resonance imaging (MRI). *Plant Methods* 13, 102. doi: 10.1186/s13007-017-0252-9

＊9　Johnson MG, Tingey DT, Phillips DL, et al. 2001. Advancing fine root research with minirhizotrons. *Environ Exp Bot* 45: 263-289

＊10　Dannoura M, Kominami Y, Oguma H, et al. 2008. The development of an optical scanner method for observation of plant root dynamics. *Plant Root* 2: 14-18

＊11　Zhao C, Nakanishi R, Tsuyuzaki S. 2024. The applicability of scanner method to investigate rhizosphere in wetlands. *Rhizosphere* 30, 100878

＊12　Wolejko L, Ito K. 1986. Mires of Japan in relation to mire zones, volcanic activity and water chemistry. *Japanese Journal of Ecology* 35: 575-586

＊13　ホーテス シュテファン・釜野靖子 . 2017. 火山活動と湿地 . 湿地の科学と暮らし . 北海道大学出版会 . 55-64

＊14　Higuchi K, Fujii Y. 1971. Permafrost at the summit of Mount Fuji, Japan. *Nature* 230: 521

＊15　Tsuyuzaki S, Sento N, Fukuda M. 2010. Baidzharakhs (relic mounds) increase plant community diversity by interrupting zonal vegetation distribution along the Arctic Sea, northern Siberia. *Polar Biol* 33: 565-570

＊16　Troeva EI, Isaev AP, Cherosov MM, et al. (eds.). 2010. *The Far North: Plant biodiversity and ecology of Yakutia*. Springer, New York

＊17　Chapin III FS, Oswood MW, Van Cleve K, et al. 2006. *Alaska's changing boreal forest*. Oxford Univ Press, Oxford

＊18　Tsuyuzaki S, Kushida K, Kodama Y. 2009. Recovery of surface albedo and plant cover after wildfire in a *Picea mariana* forest in interior Alaska. *Clim Change* 93: 517-525

＊19　Tsuyuzaki S, Kwon T, Takeuchi F, et al. 2022. Differences in C, N, $\delta^{13}C$ and $\delta^{15}N$ among plant functional types after a wildfire in a black spruce forest, interior Alaska. *Can J For Res* 52: 1-8

＊20　Tsuyuzaki S, Narita K, Sawada Y, et al. 2014. The establishment patterns of tree seedlings are determined immediately after wildfire in a black spruce (*Picea mariana*) forest. *Plant Ecol* 215: 327-337

＊21　Tsuyuzaki S, Narita K, Sawada Y, et al. 2013. Recovery of forest-floor vegetation after a wildfire in a Picea mariana forest. *Ecol Res* 28: 1061-1068

＊22　Hirata AKB, Tsuyuzaki S. 2016. The responses of an early (*Rhynchospora alba*) and a late (*Molinia japonica*) colonizer to solar radiation in a boreal wetland after peat mining. *Wetlands Ecol Manag* 24: 521-532

第 4 章

＊1　Hoyo Y, Tsuyuzaki S. 2014. Habitat differentiation between Drosera anglica and D. rotundifolia in a post-mined peatland, northern Japan. *Wetlands* 34: 943-953

＊2　Perez-Mendez N, Jordano P, Garcia C, et al. 2016. The signatures of Anthropocene

storage linked to global latitudinal trends in peat recalcitrance. *Nature Comm* 9, 3640
＊17 宮地直道・神山和則 . 1997. 石狩泥炭地における湿原の消滅過程と土地利用の変遷 .（財）自然保護助成基金 1994-1995 年度研究成果報告書 49-57
＊18 Page SE, Rieley JO, Shotyk OW, et al. 1999. Interdependence of peat and vegetation in a tropical peat swamp forest. *Phil Trans Royal Soc London B* 354: 1885-1897
＊19 Nishimura TB, Suzuki E, Kohyama T, et al. 2007. Mortality and growth of trees in peat-swamp and heath forests in Central Kalimantan after severe drought. *Plant Ecol* 188: 165-177
＊20 Mirmanto E, Tsuyuzaki S, Kohyama T. 2003. Investigation of the effects of distance from river and peat depth on tropical wetland forest communities. *Tropics* 12: 287-294
＊21 Osaki M, Tsuji N (eds.). 2016. *Tropical peatland ecosystems*. Springer, Tokyo
＊22 Narita K, Harada K, Saito K, et al. 2015. Vegetation and permafrost thaw depth 10 years after a tundra fire in 2002, Seward Peninsula, Alaska. *Arc Antarc Alpine Res* 47: 547-559
＊23 Tsuyuzaki S, Iwahana G, Saito K. 2018. Tundra fire alters vegetation patterns more than the resultant thermokarst. *Polar Biol* 41: 753-761
＊24 Carmichael MJ, Bernhardt ES, Brauer SL, et al. 2014. The role of vegetation in methane flux to the atmosphere: should vegetation be included as a distinct category in the global methane budget? *Biogeochem* 119: 1-24
＊25 Huth V, Gunther A, Bartel et al. 2022. The climate benefits of topsoil removal and Sphagnum introduction in raised bog restoration. *Restor Ecol* 30, e13490
＊26 Zhang Z, Zimmermann NE, Stenke A, et al. 2017. Emerging role of wetland methane emissions in driving 21st century climate change. *Proc Natl Acad Sci*, USA 114: 9647-9652
＊27 Tsuyuzaki S, Nakayama T, Kuniyoshi S, et al. 2001. Methane flux in grassy marshlands near Kolyma River, north-eastern Siberia. *Soil Biol Biochem* 33: 1419-1423
＊28 Keddy PA. 2010. *Wetland ecology* (2nd edn.). Cambridge Univ Press, Cambridge, UK
＊29 仙頭（ボブ）宣幸 . 1997. コリマ川下流域におけるエドマの形成環境・形成時期（裏版付録 1996 年夏・シベリア調査記録「ちょっと、ほんまにそれやんの？」). 北海道大学大学院地球環境科学研究科地圏環境科学専攻修士論文（増補版）
＊30 露崎史朗 . 2018. ツンドラファイヤー　永久凍土帯の野火が生態系に与える影響 . 日本生態学会北海道地区会（編）. 生物学者、地球を行く . 文一総合出版 . 56-63

第 3 章

＊1 露崎史朗 . 1993. 火山遷移は一次遷移か . 生物科学 45: 177-181
＊2 重定南奈子・露崎史朗（編）. 2008. 撹乱と遷移の自然史：「空き地」の植物生態学 . 北海道大学出版会
＊3 Tsuyuzaki S. 1987. Origin of plants recovering on the volcano Usu, northern Japan, since the eruptions of 1977 and 1978. *Vegetatio* 73: 53-58
＊4 Kimura H, Tsuyuzaki S. 2011. Fire severity affects vegetation and seed bank in a wetland. *Appl Veg Sci* 14: 350-357
＊5 露崎史朗 . 2021. 遷移 . 日本森林学会（編）. 森林学の百科事典 . 丸善出版 . 48-49

Invasion. *Biol Inv* 18
＊8 Rohal CB, Adams CR, Reynolds LK, et al. 2021. Do common assumptions about the wetland seed bank following invasive plant removal hold true? Divergent outcomes following multi-year *Phragmites australis* management. *Appl Veg Sci* 24, e12626
＊9 Meyerson L, Cronin JT, Pysek P. 2016. *Phragmites australis* as a model organism for studying plant Invasions. *Biol Inv* 18: 2421-2431
＊10 Tu M, Titus JH, Tsuyuzaki S, et al. 1998. Composition and dynamics of wetland seed banks on Mount St. Helens, Washington, USA. *Folia Geobot* 33: 3-16

第2章

＊1 Zhu Y, Shu K, Yang K, et al. 2024. Purification efficiency of two ecotypes of wetland plants on subtropical eutrophic lakes in China. *Wetlands* 44, 2. doi: 10.1007/s13157-024-01787-7
＊2 内藤正明（監）. 2018. 琵琶湖ハンドブック三訂版 . 滋賀県琵琶湖環境部琵琶湖保全再生課
＊3 笹渕紘平 . 2014. 湿地が有する経済的な価値の評価結果について . 湿地研究 5: 41-48
＊4 Tsuyuzaki S, Zhang X. 2020. Frond size, shape and fertility of *Thelypteris confluens* (Thunb.) C. V. Morton in wetlands disturbed by human activities in Hokkaido, northern Japan. *Flora* 269, 151630
＊5 Otaki M, Tsuyuzaki S. 2019. Succession of litter-decomposing microbial organisms in deciduous birch and oak forests, northern Japan. *Acta Oecol* 101, 103485
＊6 Takeuchi F, Otaki M, Tsuyuzaki S. 2023. Changes in litter decomposition across succession in a post-mined peatland, northern Japan. *Wetlands* 43, 54
＊7 Fanin N, Lin D, Freschet GT, Keiser AD, et al. 2021. Home-field advantage of litter decomposition: from the phyllosphere to the soil. *New Phytol* 231: 1353-1358
＊8 Nakanishi R, Tsuyuzaki S. 2024. Litter decomposition rates in a post-mined peatland: determining factors studied in litterbag experiments. *Environ Processes* 11, 2
＊9 露崎史朗 . 2007. 地球温暖化にともなう陸上生態系の変化 . 地球温暖化の科学 . 北海道大学大学院環境科学院（編）. 北海道大学出版会 . 115-139
＊10 Mitra S, Wassmann R, Vlek PLG. 2005. An appraisal of global wetland area and its organic carbon stock. *Current Sci* 88: 25-35
＊11 Mitsch WJ, Gosselink JG, Anderson CJ, et al. 2023. *Wetlands* (6th edn.). John Wiley & Sons Ltd, Chichester, UK
＊12 Page S, Rieley JO, Banks C. 2011. Global and regional importance of the tropical peatland carbon pool. *Glob Change Biol* 17: 798-818
＊13 Junk WJ, An S, Finlayson CM, et al. 2013. Current state of knowledge regarding the world's wetlands and their future under global climate change: a synthesis. *Aquatic Sci* 75: 151-167
＊14 Davidson NC. 2014. How much wetland has the world lost? Long-term and recent trends in global wetland area. *Mar Freshwater Res* 65: 934-941
＊15 Xu J, Morris PJ, Liu J, et al. 2018. PEATMAP: Refining estimates of global peatland distribution based on a meta-analysis. *Catena* 160: 134-140
＊16 Hodgkins SB, Richardson CJ, Dommain R, et al. 2018. Tropical peatland carbon

参考文献

序章

＊1 FGDC (Federal Geographic Data Committee). 2013. Classification of wetlands and deepwater habitats of the United States (2nd edn.). Wetlands Subcommittee, Federal Geographic Data Committee and US Fish and Wildlife Service, Washington DC

＊2 Warner BG, Rubec CDA. (eds.) 1997. The Canadian wetland classification system (2nd edn.). Wetlands Research Centre, Univ Waterloo, Waterloo

＊3 環境省 . ラムサール条約と条約湿地（https://www.env.go.jp/nature/ramsar/conv/）（参照：2025 年 1 月 3 日）

＊4 Tsuyuzaki S. 1997. Wetland development in the early stages of volcanic succession. *J Veg Sci* 8: 353-360

＊5 Tsuyuzaki S, Haraguchi A, Kanda F. 2004. Effects of scale-dependent factors on herbaceous vegetation in a wetland, northern Japan. *Ecol Res* 19: 349-355

＊6 国土地理院 . 日本全国の湿地面積変化の調査結果（https://www.gsi.go.jp/kankyochiri/shic chimenseki2.html）（参照：2025 年 1 月 3 日）

＊7 露崎史朗 HP：https://hosho.ees.hokudai.ac.jp/tsuyu/top/res-wet-j.html

＊8 Tsuyuzaki S, Tsujii T. 1992. Size and shape of *Carex meyeriana* tussocks in an alpine wetland, northern part of Sichuan Province, China. *Can J Bot* 70: 2310-2312

＊9 Tsuyuzaki S, Tsujii T. 1990. Preliminary study on grassy marshland vegetation, western part of Sichuan Province, China, in relation to yak-grazing. *Ecol Res* 5: 271-276

＊10 Tsuyuzaki S, Urano S, Tsujii T. 1990. Vegetation of alpine marshland and its neighboring areas, northern part of Sichuan Province, China. *Vegetatio* 88: 79-86

＊11 Nishimura A, Tsuyuzaki S, Haraguchi A. 2009. A chronosequence approach for detecting revegetation patterns after *Sphagnum*-peat mining, northern Japan. *Ecol Res* 24: 237-246; Nishimura A, Tsuyuzaki S. 2014. Effects of water level via controlling water chemistry on revegetation patterns after peat mining. *Wetlands* 34: 117-127

第 1 章

＊1 Tsuyuzaki S, Haraguchi A. 2009. Maintenance of an abrupt boundary between needle-leaved and broad-leaved forests in a wetland near coast. *J For Res* 20: 91-98

＊2 岡田 操 . 2010. サロベツ湿原の瞳沼とその形成過程 . 湿原研究 1: 55-66

＊3 Takeuchi K, Brown RD, Washitani I, et al. (eds.). 2003. *Satoyama: The traditional rural landscape of Japan*. Springer, Tokyo

＊4 環境省 . 2022. 生物多様性保全上重要な里地里山（https://www.env.go.jp/nature/satoyama/jyuuyousatoyama.html）（参照：2025 年 1 月 3 日）

＊5 Sakaguchi Y. 1989. Some pollen records from Hokkaido and Sakhalin. *Bull Dep Geography Univ Tokyo* 21: 1-17

＊6 吉原秀喜 . 2014. 湿地とアイヌ文化：沙流川から . 北海道ラムサールネットワーク（編）. 湿地への招待：ウエットランド北海道 . 北海道新聞社 . 26-32

＊7 Laura A. Meyerson, Kristin Saltonstall (eds.) . 2016. Special Issue: *Phragmites*

♪ 曲名索引

【タ行】

【ナ行】

【ハ行】

【マ行】

索引

著者紹介

露崎史朗（つゆざき・しろう）

1961年茨城県高萩市生まれ、十王町（現・日立市）育ち。

北海道大学大学院理学研究科植物学専攻博士後期課程修了（理学博士）。北海道大学大学院地球環境科学研究院所属。専門は植物生態学および環境保全学。

著書に、『生物学者、地球を行く：まだ知らない生きものを調べに、深海から宇宙まで』（分担、文一総合出版）、『工学生のための基礎生態学』（共著、理工図書）、『攪乱と遷移の自然史：「空き地」の植物生態学』（共編著、北海道大学出版会）、『植物生態学―Plant Ecology―』（共著、朝倉書店）、『地球温暖化の科学』（分担、北海道大学出版会）などがある。

日本植物学会奨励賞（1994年）、日本生態学会功労賞（2024年）受賞。

湿原が世界を救う

水と炭素の巨大貯蔵庫

2025年3月11日　初版発行

著者　　　　露崎史朗
発行者　　　土井二郎
発行所　　　築地書館株式会社
〒104-0045　東京都中央区築地7-4-4-201
TEL. 03-3542-3731　FAX. 03-3541-5799
https://www.tsukiji-shokan.co.jp/
印刷・製本　シナノ印刷株式会社
装丁・装画　秋山香代子

　ISBN 978-4-8067-1678-5